Martyn Sozanskyi
Ruslana Huminilovych
Vitalii Stadnik

Calcogenetos de película AIIBVI: síntese, estrutura e propriedades

Martyn Sozanskyi
Ruslana Huminilovych
Vitalii Stadnik

Calcogenetos de película AIIBVI: síntese, estrutura e propriedades

ScienciaScripts

Imprint

Any brand names and product names mentioned in this book are subject to trademark, brand or patent protection and are trademarks or registered trademarks of their respective holders. The use of brand names, product names, common names, trade names, product descriptions etc. even without a particular marking in this work is in no way to be construed to mean that such names may be regarded as unrestricted in respect of trademark and brand protection legislation and could thus be used by anyone.

Cover image: www.ingimage.com

This book is a translation from the original published under ISBN 978-620-7-64810-8.

Publisher:
Sciencia Scripts
is a trademark of
Dodo Books Indian Ocean Ltd. and OmniScriptum S.R.L publishing group

120 High Road, East Finchley, London, N2 9ED, United Kingdom
Str. Armeneasca 28/1, office 1, Chisinau MD-2012, Republic of Moldova, Europe
Printed at: see last page
ISBN: 978-620-7-68174-7

CONTEÚDO

LISTA DE ABREVIATURAS

hp-HgSe	–	modification of the compound obtained at high pressure
hp-ZnSe	–	modification of the compound obtained at high pressure
ms-ZnSe	–	metastable modification of the compound
α-HgS	–	low-temperature modification of the compound
α-S	–	low-temperature modification of sulfur
α-ZnS	–	low-temperature modification of the compound
β-HgS	–	high-temperature modification of the compound
β-S	–	high-temperature modification of sulfur
β-ZnS	–	high-temperature modification of the compound
AFM	–	atomic force microscopy
at. %	–	atomic percentages
wt. %	–	weight percentage
CVC	–	current-voltage characteristics
HJ	–	heterojunction
EDXA	–	energy dispersive X-ray analyzer
ITO	–	(indium tin oxide $SnO_2+In_2O_3$) a mixture of transparent conductive indium an
ASV	–	anodic-stripping voltammetry
IR	–	infrared
ECF	–	energy conversion efficiency
TC	–	transmission coefficient
CN	–	coordination number
SG	–	space group
IMRC	–	intermediate reactive complexes
XRFA	–	X-ray fluorescence analysis
SE	–	solar element
SEM	–	scanning electron microscopy
SC	–	solar cell
SOL	–	self-organized layers
PS	–	Pearson's symbol
ST	–	structural type
UV	–	ultraviolet
CD	–	chemical deposition
CBD	–	chemical bath deposition
CSD	–	chemical surface deposition

INTRODUÇÃO

As fontes de energia alternativas e renováveis, como a energia eólica e solar, a energia hídrica e a energia geotérmica, estão a ganhar cada vez mais atenção em todo o mundo. O interesse crescente por elas é motivado, por um lado, por considerações ambientais e, por outro, pela disponibilidade limitada dos recursos terrestres tradicionais. Um lugar especial entre as fontes de energia alternativas e renováveis é ocupado pelos conversores de energia solar fotovoltaica.

Estamos a assistir e a participar em muitos processos interessantes e importantes que se desenrolam no domínio científico e tecnológico. Os semicondutores, que têm uma história de desenvolvimento técnico de pouco mais de 50 anos, conquistaram firmemente todas as áreas da tecnologia de conversão eléctrica e da eletrónica e estão prestes a revolucionar a tecnologia da iluminação. Os êxitos científicos e tecnológicos da última década dão-nos esperança de que uma "revolução" dos semicondutores possa também ocorrer na tecnologia de produção de eletricidade.

As células solares fotovoltaicas são uma alternativa tecnicamente viável e económica aos combustíveis fósseis em muitas aplicações. Uma célula solar (SC) pode converter diretamente a radiação solar em eletricidade sem necessidade de quaisquer peças móveis. Consequentemente, a vida útil dos geradores solares é bastante longa. Os sistemas fotovoltaicos provaram a sua eficácia desde o início da utilização industrial das células fotovoltaicas.

O aumento constante do consumo de energia e a subida dos preços da energia estimulam a procura de novos métodos e materiais para a conversão fotovoltaica direta da energia solar. Uma análise crítica da literatura científica e técnica mostra que apenas os SC de película fina podem competir com as fontes de energia tradicionais.

Apesar de numerosos estudos sobre a produção de revestimentos por película utilizando vários métodos físicos (pulverização catódica sob vácuo, sinterização, serigrafia, etc.) e químicos (deposição eletroquímica, deposição por banho químico, pirólise, etc.), a introdução industrial de estruturas fotossensíveis baseadas em película é dificultada pelo elevado custo do seu fabrico. A relevância desta área baseia-se no facto de as estruturas fotossensíveis semicondutoras, baseadas em películas de sulfuretos e selenetos de metais do subgrupo do zinco, obtidas por deposição química e deposição química de superfície (CSD), satisfazerem plenamente os requisitos para utilização em SCs de película fina em termos dos seus parâmetros físicos.

Assim, o desenvolvimento da base científica para a síntese de películas finas semicondutoras de ZnS e ZnSe, CdS e CdSe, HgS e HgSe, e estruturas baseadas nelas por um método simples e reprodutível é uma tarefa científica importante e urgente. Por conseguinte, centrar-nos-emos nos métodos de síntese, propriedades e aplicações de películas finas de sulfuretos e selenetos de metais do subgrupo do zinco.

CAPÍTULO 1:
ESTRUTURA, PROPRIEDADES E MÉTODOS DE OBTENÇÃO DE PELÍCULAS FINAS DE METAIS DO SUBGRUPO DO ZINCO

1.1. Estrutura cristalina dos compostos de ZnS e ZnSe

Considere-se o diagrama de estados do sistema Zn - S (Fig. 1.1). No seu interior forma-se um único composto de ZnS que funde congruentemente a uma temperatura de 1718 °C e que pode existir em duas modificações polimórficas: uma forma a baixa temperatura (esfalerite) [1] e uma forma a alta temperatura (wurtzite) [2]. A temperatura da transformação polimórfica é de 1020 °C. Adicionalmente, existe informação sobre a existência de outras modificações do sulfureto de zinco obtidas por aplicação de pressões elevadas [3-5]. Assume-se que existem duas regiões de imiscibilidade no estado líquido. As características cristalográficas de várias modificações do ZnS são apresentadas na Tabela 1.1.

De acordo com o diagrama de estado do sistema Zn-Se (Fig. 1.2), um composto ZnSe é formado a partir da fusão a uma temperatura de 1526 °C. A modificação estável deste composto é a estrutura de esfalerite. No entanto, há informações sobre a produção de ZnSe num estado metaestável com uma estrutura de wurtzite a altas temperaturas [6]. Compostos de seleneto de zinco com outras modificações também foram obtidos sob altas pressões [4-6]. Assume-se que existe uma região de imiscibilidade no estado líquido. As características cristalográficas de várias modificações de ZnSe são apresentadas na Tabela 1.2.

Em [7-8], os autores obtiveram amostras monocristalinas, enquanto em [9-11], produziram filmes de soluções sólidas de $ZnS_x Se_{1-x}$ com uma estrutura de esfalerite em toda a gama de concentrações. Estes materiais apresentam propriedades e parâmetros celulares intermédios entre ZnS e ZnSe, o que é caraterístico de um sistema com uma série contínua de soluções sólidas.

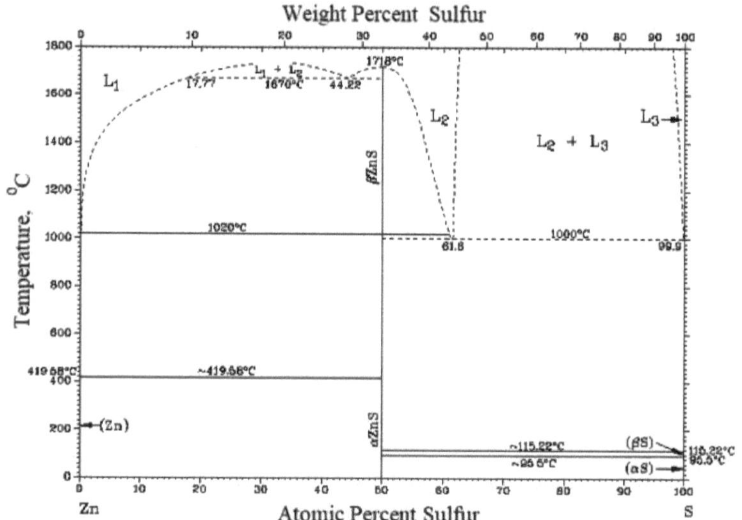

Fig. 1.1. Diagrama de estados do sistema Zn - S [12]

Quadro 1.1

Características cristalográficas dos compostos do sistema Zn-S

Composto	ST	PS	SG	Parâmetros da célula			Ref.
				a, nm	b, nm	c, nm	
α-ZnS	ZnS	cF8	*F-43m*	0.5400	-	-	[1]
β-ZnS	ZnO	hP4	P6 mc$_3$	0.3822	-	0.6257	[2]
hp-ZnS	SiC	hP12	P6 mc$_3$	0.3812	-	1.8719	[3]

6

| hp-ZnS | NaCl | cF8 | *Fm-3m* | 0.4990 | - | - | [4] |
| hp-ZnS$_2$ | FeS$_2$ | cP12 | Pa-3 | 0.5954 | - | - | [5] |

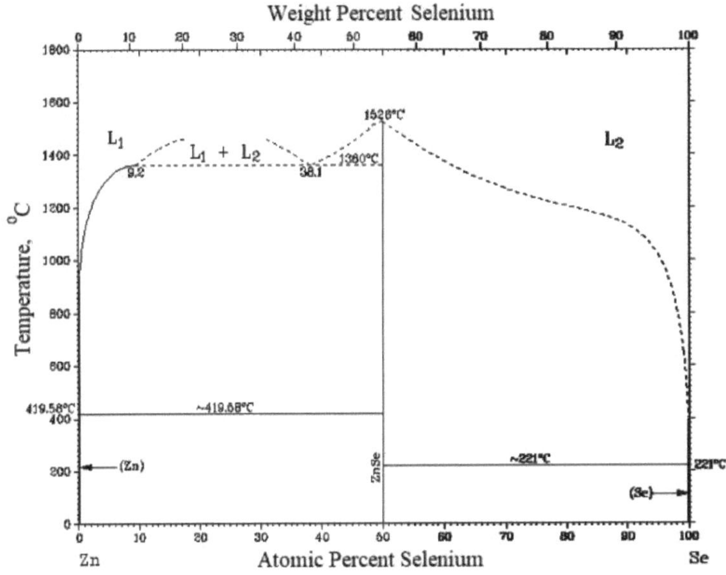

Fig. 1.2. Diagrama de estado do sistema Zn - Se [13]

Quadro 1.2

Características cristalográficas dos compostos do sistema Zn - Se

Composto	ST	PS	SG	Parâmetros da célula			*Ref.*
				a, nm	*b*, nm	*c*, nm	
ZnSe	ZnS	cF8	*F-43m*	0.5668	-	-	[14]
ms-ZnSe	ZnO	hP4	P6mc$_3$	0.4000	-	0.6600	[6]
hp-ZnSe	NaCl	cF8	*Fm-3m*	0.5080	-	-	[4]
hp-ZnSe$_2$	FeS$_2$	cP12	Pa-3	0.5954	-	-	[5]

Vários compostos binários (ZnSe, CdS, CdSe, HgS, etc.) podem adotar a estrutura da esfalerite (também conhecida como zinco blenda) ou da wurtzite, que são modificações polimórficas do sulfureto de zinco, em condições variáveis. A esfalerite pertence ao sistema cristalino cúbico. A sua célula elementar está representada na Fig. 1.*3-a*. Todas as faces são centradas por átomos metálicos. Os poliedros de coordenação para os átomos de metal e de calcogénio nesta estrutura são tetraedros, tendo cada átomo quatro vizinhos mais próximos do tipo oposto, formando os vértices desta figura (CN = 4).

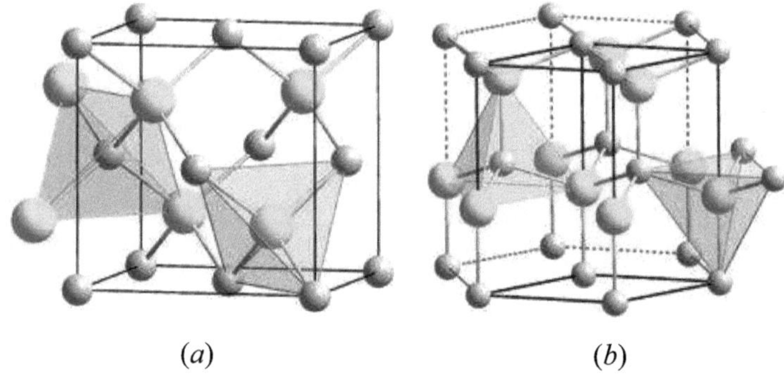

(a)   (b)

Fig. 1.3. Células elementares e poliedros de coordenação de átomos nas estruturas da esfalerite (*a*) e da wurtzite (*b*)

A wurtzite pertence ao sistema cristalino hexagonal. A sua célula elementar está representada na Fig. 1.*3-b*, assumindo a forma de um prisma hexagonal. Tal como a esfalerite, os poliedros de coordenação dos átomos de metal e de calcogénio nesta estrutura são tetraedros.

A distinção entre a esfalerite e a wurtzite reside nos seus diferentes mecanismos de empilhamento de camadas tetraédricas (Fig. 1.4). Na esfalerite, todas as camadas têm os seus vértices orientados na mesma direção, com orientações estritamente paralelas entre si. Na wurtzite, as bases dos tetraedros de camadas adjacentes estão rodadas 180° entre si.

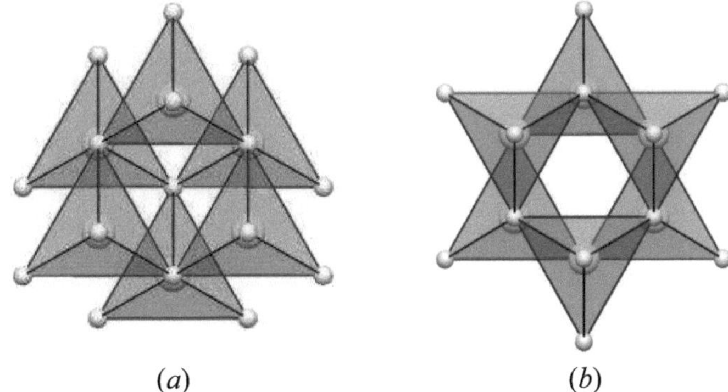

(a)   (b)

Fig. 1.4. Comparação da posição relativa dos tetraedros nas estruturas da esfalerite (*a*) e da wurtzite (*b*)

A estrutura cúbica é termodinamicamente mais favorável. No entanto, devido à sua semelhança, a estrutura hexagonal pode por vezes ser encontrada num estado metaestável ou coexistir simultaneamente com a forma cúbica [15-17].

1.2. Estrutura cristalina dos compostos de CdS e CdSe

Entre os materiais semicondutores mais promissores, os compostos do grupo II-VI, que são amplamente utilizados na eletrónica fotossensível, desempenham um papel significativo. Para sintetizar materiais com propriedades específicas, é essencial dispor de informações sobre a natureza das interacções físicas e químicas entre os componentes de sistemas complexos. Esses dados podem ser obtidos a partir dos diagramas de fase dos sistemas Cd-S (Fig. 1.5) e Cd-Se (Fig. 1.6).

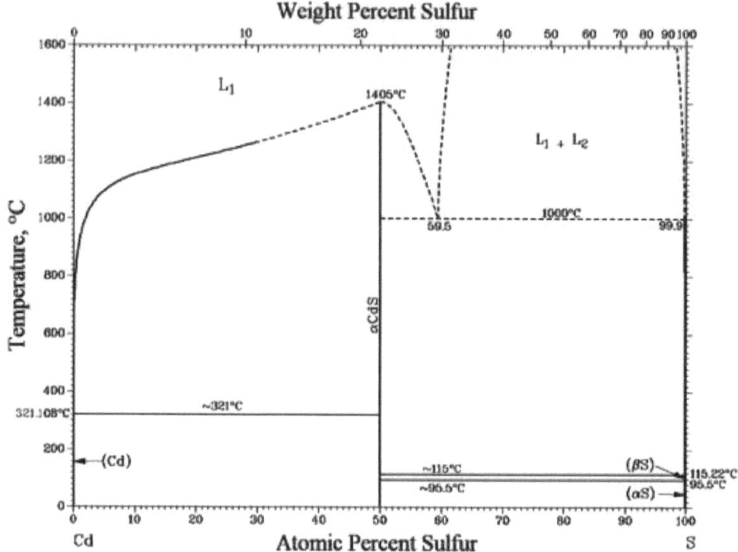

Fig. 1.5. Diagrama de estado do sistema Cd - S [18]

Características cristalográficas de compostos do sistema Cd - S

Composto	ST	PS	SG	Parâmetros da célula			Ref.
				a, nm	b, nm	c, nm	
CdS	NaCl	cF8	*Fm-3m*	0.5435	-	-	[19]
CdS	ZnS	cF8	*F-43m*	0.5820	-	-	[20]
CdS_2	FeS_2	hP4	P6 mc₃	0.6303	-	-	[18]
CdS	ZnO	hP4	P6 mc₃	0.4136	-	0.6716	[21]

De acordo com a Fig. 1.5, o sistema Cd-S forma um composto de composição equiatómica, CdS. Este composto é gerado a partir da fusão a uma temperatura de 1475±15 °C. A 321 °C, inicia-se a fusão do Cd. A solubilidade de S em Cd a temperaturas até 850-900 °C é negligenciável, mas aumenta para 1,34 e 4,58 at. % a temperaturas de 950 e 1100 °C, respetivamente.

Sob várias condições, o composto CdS pode existir nas modificações listadas na Tabela 1.3.

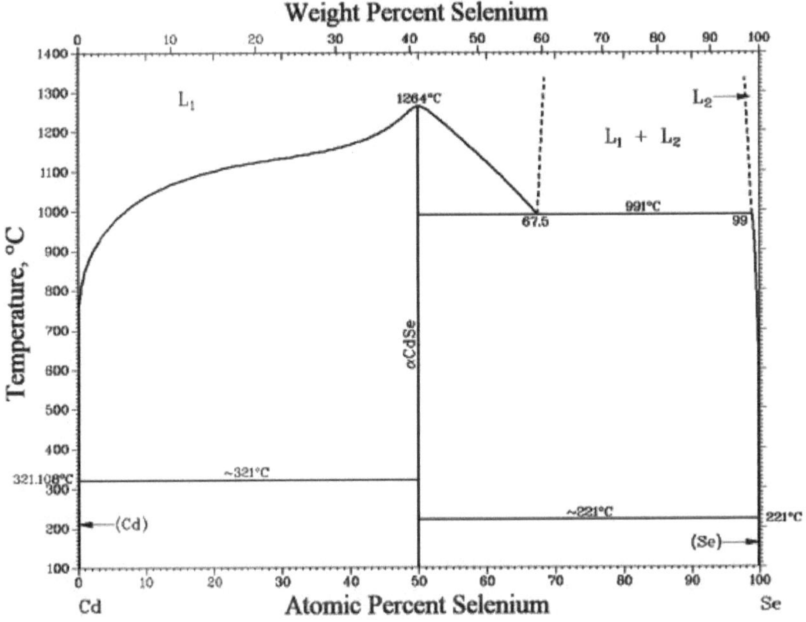

Fig. 1.6. Diagrama de estado do sistema Cd - Se [18]

De acordo com a Fig. 1.6, forma-se um composto de composição equiatómica, CdSe, no sistema Cd-Se. Este composto cristaliza a partir da fusão a uma temperatura de 1239 °C. Forma eutécticos degenerados com Cd e Se a temperaturas de 317 e 213 °C, respetivamente. A 321 °C, inicia-se a fusão do Cd. No intervalo de concentração de 73-99 at. % de Se, ocorre a separação de fases no estado líquido. A temperatura da reação monotéctica é de 991 °C. O CdSe dissolve 0,010-0,015 at. % de Cd a uma

11

temperatura de 317 °C e menos de 0,002 at. % de Se a uma temperatura de 213 °C.

Sob várias condições, o composto CdSe pode existir nas modificações listadas na Tabela 1.4

Quadro 1.4

Características cristalográficas de compostos do sistema Cd - Se

Composto	ST	PS	SG	Parâmetros da célula			Ref.
				a, nm	b, nm	c, nm	
CdSe	NaCl	cF8	*Fm-3m*	0.5490	-	-	[22]
CdSe	ZnS	cF8	*F-43m*	0.6000	-	-	[6]
hp-CdSe$_2$	FeS$_2$	hP4	Pa-3	0.6615	-	-	[18]
CdSe	ZnO	hP4	P6 mc$_3$	0.4298	-	0.7084	[23]

As estruturas cristalinas das fases cúbica e hexagonal são ilustradas nas Fig. 1.7 e Fig. 1.8, respetivamente. A esfalerite possui uma estrutura cúbica, enquanto a wurtzite exibe uma estrutura hexagonal com uma única direção de orientação. A modificação estável do CdS e do CdSe é a fase hexagonal, em que os átomos de calcogénio formam o empacotamento mais denso e os átomos de cádmio ocupam os espaços vazios tetraédricos da estrutura. Estes tetraedros formam coletivamente a estrutura.

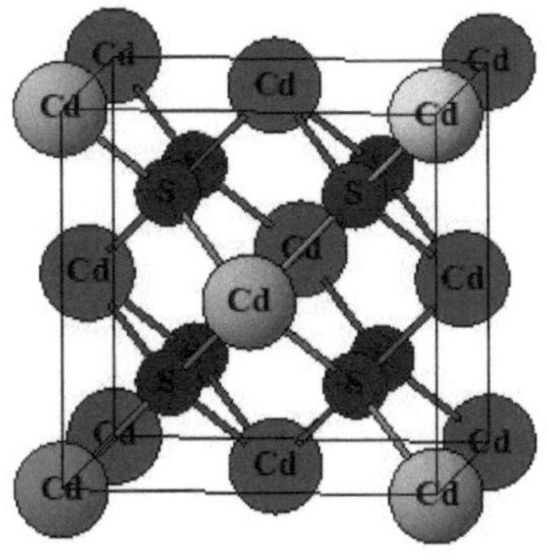 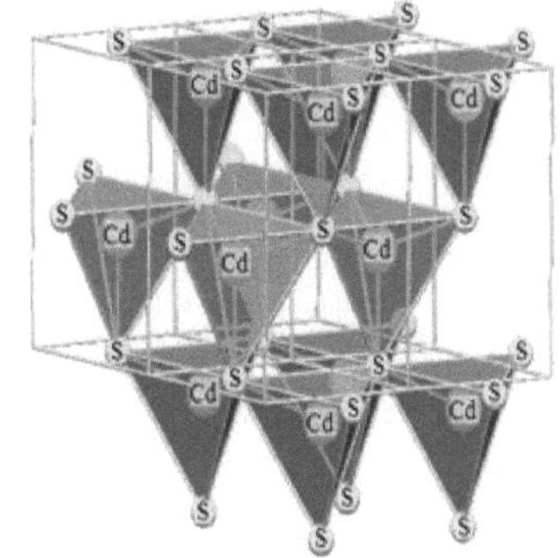

Fig. 1.7. Uma célula unitária da modificação cúbica do CdS (CdSe)

Fig. 1.8. Uma célula unitária da modificação hexagonal do CdS (CdSe)

1.3. Estrutura cristalina dos compostos de HgS e HgSe

Consideremos o diagrama de fases do sistema Hg-S (Fig. 1.9). O HgS existe em três modificações alotrópicas: α-HgS, β-HgS e γ-HgS. A fase intermédia do HgS forma-se através de uma reação química, não por liga direta, a aproximadamente 50 at. % S e funde congruentemente a 820 °C. α-HgS (simetria trigonal) e β-HgS (simetria cúbica) são as duas fases primárias. A primeira, vermelha brilhante, transforma-se na segunda, que é negra, quando aquecida acima de 345 °C. Na natureza, a modificação α é comummente encontrada no mineral cinábrio, enquanto a modificação β é predominante no mineral metacinábrio. O diagrama de fases apresenta duas regiões de mistura líquida e duas reacções monotécticas: uma na região Hg-HgS e outra na região HgS-S. As duas reacções eutécticas degeneram em regiões próximas de Hg e S puros. O enxofre no estado sólido existe em duas modificações alotrópicas: α-S a baixa temperatura, que transita para β-S a 95,5°C.

13

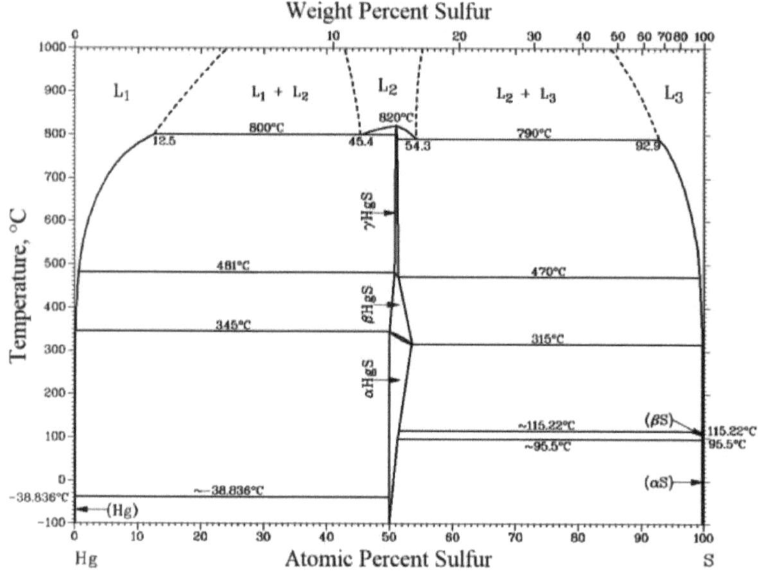

Fig. 1.9 Diagrama de estado do sistema Hg - S [24]

Os pontos de fusão do Hg e do S são -38,829 °C e 115,22 °C, respetivamente. Embora a solubilidade mútua do mercúrio e do enxofre no estado sólido não tenha sido determinada experimentalmente, os autores em [24] sugerem que é insignificante. Foi descoberto que, à temperatura ambiente, o excesso de Hg em HgS é de $1,2 \times 10^{-3}$ at. %.

Existe uma correlação clara entre as temperaturas de transição de α-HgS → β-HgS e a pureza da amostra de HgS. O trabalho também define regiões distintas de homogeneidade: dentro da faixa de temperatura de 200 a 800 °C, as fases α-HgS e β-HgS coexistem na faixa de composição de 49,7 a 50,1 at. % S. As características cristalográficas de várias modificações de HgS são apresentadas na Tabela 1.5.

Quadro 1.5

Características cristalográficas dos compostos do sistema Hg - S

Composto	ST	SG	PS	Parâmetro da rede			*Ref.*
				a, nm	*b*, nm	*c*, nm	

α-HgS	HgS	P3₁ 21	hP6	0.41464(4)	-	0.94944(15)	[25]
β-HgS	ZnS (esfalerite)	$F\bar{4}3m$	cF8	0.5852	-	-	[26]
γ-HgS	-	-	(a)*	0.701	-	1.413	[27]
hp-δ-HgS (b)*	NaCl	$Fm\bar{3}m$	cF8	0.5070	-	-	[28]

*(a) hexagonal; (b) a 13 GPa.

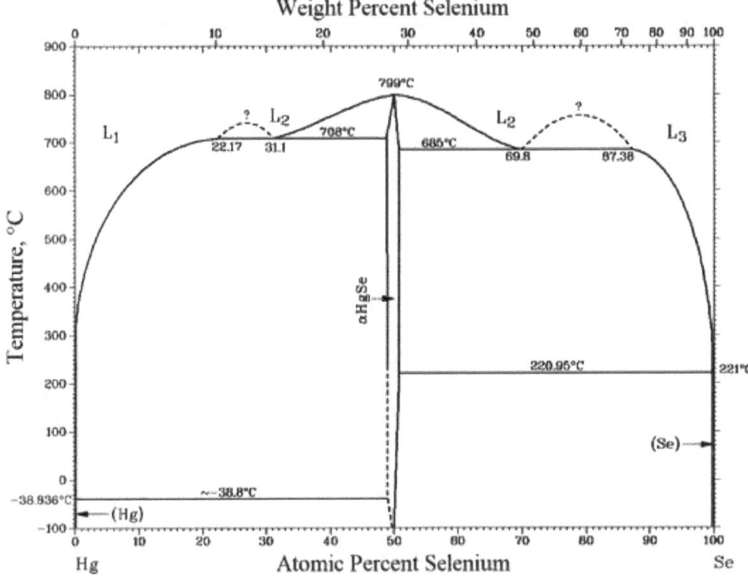

Fig. 1.10 Diagrama de estado do sistema Hg - Se [29]

De acordo com o diagrama de fases do sistema Hg-Se (Fig. 1.10), a fase intermédia α-HgSe forma-se a aproximadamente 50 at. % Se e funde congruentemente a 799 °C. O Hg₂ Se é criado através de uma reação química, mas a sua formação em condições de equilíbrio não foi observada. Na natureza, é encontrado como o mineral tiemannite (simetria cúbica). O diagrama de fases apresenta duas regiões de mistura líquida e duas reacções monotécticas: uma na região Hg-HgSe e outra na região HgSe-Se. As duas reacções eutécticas em regiões próximas de Hg e S puros são degeneradas. As reacções eutécticas ocorrem a 208 °C na região com maior at. % Se. Os pontos de fusão do Hg e do Se são -38,829 °C e 221 °C, respetivamente. O α-HgSe permanece estável na gama de 48,8 ± 0,5 at. % a 50,75 ± 0,5 at. % de Se.

As características cristalográficas de várias modificações do HgSe são apresentadas na Tabela 1.6.

Quadro 1.6

Características cristalográficas dos compostos do sistema Hg - Se

Composto	ST	SG	PS	Parâmetro da rede			*Ref.*
				a, nm	b, nm	c, nm	
α-HgSe	ZnS (esfalerite)	$F\bar{4}3m$	$cF8$	0.6087(2)	-	-	[30]
hp-β-HgSe (a)*	HgS	$P3_1 21$	$hP6$	0.432	-	0.968	[22]
hp-γ-HgSe (b)*	NaCl	$Fm\bar{3}m$	$cF8$	0.5360	-	-	[31]
hp-δ-HgSe (c)*	β-Sn	$I\bar{4}m2$	$tI4$	0.5111	-	0.2721	[32]

*(a) no intervalo de 0,75 a ≈ 16 GPa; (b) de 16 a 28 GPa; (c) acima de 28 GPa.

Os autores de [33] obtiveram amostras de soluções sólidas cúbicas de $HgS_x Se_{1-x}$ com uma estrutura cúbica (a = 5,949 Å) em toda a gama de concentrações. Estes materiais apresentam propriedades e parâmetros celulares intermédios entre HgS e HgSe, o que é típico de um sistema com uma série contínua de soluções sólidas.

Vários compostos binários (ZnSe, CdS, CdSe, HgSe, etc.) podem, em diferentes condições, adotar a estrutura da esfalerite (também conhecida como esfalerite), que é uma modificação polimórfica do sulfureto de mercúrio.

Uma célula elementar de cinábrio está representada na Fig. 1.11 *a*. Cristaliza em simetria trigonal, formando principalmente pequenos cristais romboédricos. É caraterístico do cinábrio apresentar germinação de gémeos, resultando na formação de gémeos de contacto simples.

O metacinábrio (esfalerite ST) pertence ao sistema cristalino cúbico. A sua célula unitária está representada na Fig. 1.*11-b*, com todas as faces centradas por átomos de metal. Nesta estrutura, os poliedros de coordenação para os átomos de metal e de calcogénio são tetraedros, onde cada átomo está rodeado por quatro átomos do tipo oposto, dispostos nos quatro vértices desta figura.

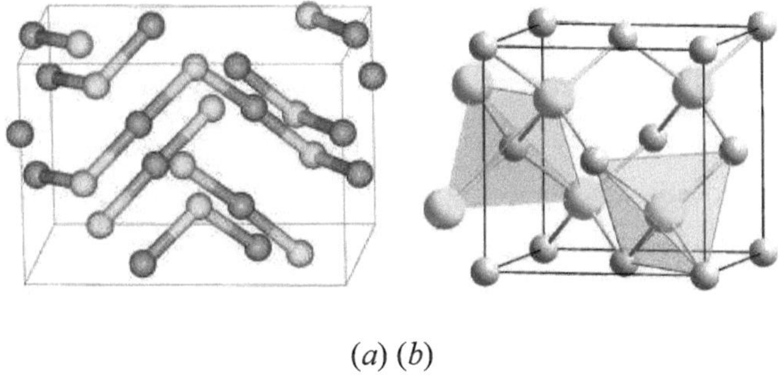

(a) (b)

Fig. 1.11. Células elementares e poliedros de coordenação de átomos nas estruturas do cinábrio (a) e do metacinábrio (b)

As estruturas termodinamicamente favoráveis para o sulfureto de mercúrio são trigonais, e para o seleneto de mercúrio, são cúbicas. No entanto, em alguns casos, a estrutura hexagonal pode ser encontrada num estado metaestável, ou ambas as formas podem coexistir para o HgS [34-37].

1.4. Métodos de obtenção de películas finas de metais do subgrupo do zinco

As películas finas são produzidas através de vários métodos físicos e químicos, cada um com as suas vantagens e desvantagens. De seguida, apresentamos descrições dos métodos mais utilizados.

1.4.1. Métodos físicos

Deposição de vapor. A essência deste método consiste em trazer vapores ou gases que contêm os elementos constituintes de um composto para um substrato onde reagem uns com os outros a uma determinada temperatura. Este método pode ser implementado de duas formas:

- síntese direta a partir de elementos numa atmosfera inerte ou numa atmosfera de gás quimicamente ativo, seguida de cristalização do composto formado na segunda fase do processo [38].

- sublimação do material em pó acabado no vácuo [39] ou numa atmosfera gasosa adequada.

Dependendo da composição dos componentes iniciais da reação, a síntese pode ocorrer quer pela interação de um metal com um gás quimicamente ativo (por exemplo, $Me + H_2 S = MeS + H_2$) quer pela interação química entre elementos individuais numa atmosfera gasosa adequada (por exemplo, $Me + S = MeS$).

A sublimação pode ser efectuada de duas formas diferentes:

- Estática: O material em pó inicial é sublimado numa ampola de quartzo selada no vácuo ou cheia com um gás inerte ou quimicamente ativo.

- Dinâmica: Este método é realizado principalmente num grande tubo de quartzo, onde o produto em pó inicial é colocado numa zona de temperatura adequada. O movimento dos vapores da substância da zona

18

de evaporação para a zona de cristalização ocorre não apenas por difusão, como no método estático, mas principalmente através de um gás de transporte fornecido a uma velocidade constante ao longo do tubo durante todo o processo de cristalização.

Os agentes de transporte para o método dinâmico incluem:

- gases inertes (Ar, He);

- azoto puro com uma mistura de gás ativo.

As desvantagens do método descrito incluem:

- a necessidade de um controlo preciso e constante da temperatura ($\pm$ 0,1 °C);

- aquecimento desigual;

- controlo da concentração de componentes individuais na fase gasosa;

- dependência do tamanho dos microcristais e do grau de contacto entre eles da natureza do substrato e da pressão no sistema;

- utilização de sistemas fechados.

Estas desvantagens resultam na produção de películas heterogéneas com fraca reprodutibilidade das suas propriedades e tornam difícil a aplicação do método para cobrir grandes áreas.

Método de pulverização catódica no vácuo. Este método envolve a evaporação do material de partida num vácuo profundo, seguida da condensação do vapor num substrato frio ou aquecido [40-41]. Os filmes obtidos a baixas temperaturas são condensados não estequiométricos e frequentemente uma combinação de fases separadas, exigindo um tratamento térmico que envolve equipamento especial e custos adicionais.

Desvantagens do método de pulverização catódica no vácuo:

- é bastante dispendioso e consome muita energia;

- Os componentes têm de ser aquecidos a altas temperaturas e tem de ser criado vácuo;

- pode haver uma distribuição desigual do condensado na superfície do substrato durante o processo de formação da película;

- é necessário um controlo preciso da pressão do sistema.

Interação da película com o método da fase gasosa. Este método envolve a interação de um metal previamente pulverizado ou depositado em vácuo com um gás quimicamente ativo para formar um composto correspondente no metal. A espessura do composto é regulada pelo tempo de interação [42].

Desvantagens do método:

- a necessidade de criar um vazio;

- controlo do tempo de interação;

- as películas resultantes podem apresentar heterogeneidade, tornando difícil a reprodução das propriedades e da espessura do revestimento.

Método de sinterização. Este método consiste em obter películas a partir de misturas de pós dos componentes [43-44]. A mistura é aplicada a um substrato e aquecida a uma determinada temperatura. As películas resultantes têm uma estrutura próxima de um cristal único.

Desvantagens do método:

- a utilização de temperaturas elevadas;

- dificuldade em controlar a espessura do revestimento;

- o método não é adequado para a formação de películas em substratos com grandes áreas.

Método de impressão serigráfica. É preparada uma pasta, constituída pelo pó do componente principal, um aditivo de liga e um aglutinante. Após a mistura dos componentes, a pasta é homogeneizada esfregando-a em rolos. Utilizando um rodo através de um estêncil de malha (feito de metal ou malha de polímero), a pasta é aplicada ao substrato. A amostra é então submetida a um tratamento térmico, resultando na recristalização (ou sinterização) do componente principal [45].

Este método permite a produção de películas policristalinas de baixo custo com espessura uniforme. No entanto, caracteriza-se por uma longa duração do processo e pela utilização simultânea de temperaturas elevadas.

1.4.2. Métodos químicos

Em comparação com os métodos físicos, os métodos químicos de síntese de materiais semicondutores em película apresentam as seguintes vantagens

- simplicidade em termos de tecnologia;

- eficiência energética; não necessita de temperaturas elevadas ou de vácuo;

- uma vasta gama de materiais de base para filmes;

- é possível a deposição em substratos de várias naturezas e áreas.

O método de deposição eletroquímica envolve a redução de componentes compostos no cátodo ou a transformação da superfície de um elétrodo específico no eletrólito devido a reacções redox nos eléctrodos sob a influência da corrente eléctrica [46]. O resultado é a formação de películas policristalinas espessas (mais de 10 microns) com elevadas características tecnológicas.

Uma vantagem da deposição eletroquímica é a sua velocidade de processo relativamente elevada, que pode ser facilmente controlada através da alteração da corrente.

As desvantagens do método de deposição eletroquímica incluem a elevada probabilidade de uma reação paralela de redução do hidrogénio e a sua eventual incorporação nas películas, bem como a formação de uma estrutura porosa com baixa adesão à superfície do substrato.

Método de deposição por banho químico (CBD). Entre os vários métodos de deposição de películas finas de CdS e CdSe, apenas alguns permitem a deposição contínua de películas em grandes áreas a temperaturas inferiores a 100°C. Um desses métodos é o CBD, em que as películas de CdS são depositadas em substratos feitos de uma solução contendo sais de cádmio e enxofre.

A formação de CdS ocorre de forma heterogénea na superfície do substrato e de forma homogénea na solução devido à precipitação de CdS. A deposição homogénea é indesejável, uma vez que conduz à formação de películas pulverulentas de baixa densidade e gera uma quantidade significativa de resíduos contendo cádmio. A homogeneidade da deposição pode ser controlada aumentando a temperatura do banho, reduzindo a concentração de iões Cd^{2+} e S^{2-} na solução e optimizando a taxa de mistura da solução durante a deposição.

A transparência da película varia com a concentração de iões de cádmio, com a transparência a diminuir até uma certa concentração (0,8 *M*) antes de aumentar novamente à medida que a fase CdS transita de wurtzite para uma mistura de estruturas de zinco. O recozimento das películas aumenta a transmitância ótica e desloca o limite de absorção para energias mais baixas [47].

Muitos autores estudaram em pormenor a cinética do processo de CBD e estabeleceram a influência dos seguintes factores nas propriedades estruturais, eléctricas e ópticas das películas de sulfureto de cádmio e de selenieto de cádmio:

- a natureza das fontes de iões de cádmio [48-52];

- agentes complexantes [50, 52-58];

- concentração de amoníaco [59];

- concentração de tioureia [60];

- recozimento térmico em várias atmosferas [61-68];

- temperaturas [50, 52, 58, 69-71];

- tempo de deposição [50, 68, 72];

- pH da solução de trabalho [50, 58];

- a espessura dos revestimentos obtidos [73, 74];

- influência da natureza dos substratos [75-78].

Método de pirólise na deposição de películas finas. A pirólise por pulverização de soluções de complexos de tioureia [79-80] permite um controlo preciso da composição e da estrutura defeituosa das películas resultantes. Este controlo é conseguido através da alteração da composição do complexo inicial. A transformação de um complexo de tioureia no sulfureto correspondente sobre um substrato aquecido pode ser considerada como uma reação topoquímica. Esta reação inclui um efeito de memória estrutural, em que os átomos ou iões na nova fase sólida tentam reproduzir a estrutura original.

A análise da composição e estrutura do complexo de tioureia mostra que os complexos de tioureia contêm componentes estruturais de sulfureto na sua primeira esfera de coordenação. Nos complexos de tioureia de sais de cádmio, $S=C(NH)_{22}$ é coordenado ao cádmio através de um átomo de enxofre. Os iões de cádmio nestes complexos estão tipicamente em coordenação tetraédrica ou tetraédrica distorcida. Por conseguinte, a primeira esfera de coordenação do Cd no complexo serve de precursor para o Cd adjacente mais próximo na estrutura de sulfureto.

A primeira esfera de coordenação do complexo de cádmio pode conter, juntamente com a tioureia (tio), iões Cl^-, Br^-, I^-, CH_3COO^- e, em certas condições, o Cd é coordenado por átomos S de tioureia, halogéneos e oxigénio. A presença de halogéneos e de oxigénio permite a formação de ligas nas películas de sulfureto de cádmio. A estequiometria do CdS_{1-x} pode ser controlada alterando o número de moléculas de tioureia.

É de notar que o intervalo de banda (E_g) apresenta uma variação sistemática em todos os filmes derivados de complexos de halogenetos (grupo A), mas é notavelmente maior nos filmes obtidos a partir de [Cd(thio)$_4$]SO$_4$ (grupo B). Estes resultados podem ser atribuídos à influência das impurezas e da microestrutura das películas.

De particular interesse é a forma como a natureza do complexo de tioureia influencia a estrutura das películas de CdS resultantes. A análise por difração de raios X revela que as películas do grupo A apresentam uma estrutura de wurtzite, enquanto as do grupo B são compostas por CdS esfalerite. Na estrutura de esfalerite, os pares de tetraedros interpenetrantes estão dispostos numa conformação cruzada, enquanto na estrutura de wurtzite, estes tetraedros adoptam uma conformação bloqueada. Nomeadamente, as películas de CdS derivadas de [Cd(thio) I$_{22}$] são dignas de nota, uma vez que exibem ambas as fases de wurtzite e esfalerite [81].

O método de deposição química a partir de uma solução coloidal envolve a preparação de uma solução coloidal homogénea e finamente dispersa da substância em estudo. A formação da película ocorre então espontaneamente em substratos dieléctricos [82-83].

O fator chave na síntese de películas através deste método é o produto de solubilidade do composto pouco solúvel. Um produto de solubilidade mais elevado resulta numa taxa de formação mais rápida do composto, num tamanho de partícula coloidal maior e numa taxa de crescimento mais rápida da película. No entanto, isto pode levar a heterogeneidade na espessura da película e a defeitos no empacotamento das partículas na superfície do substrato. Para resolver estes problemas, a síntese é frequentemente realizada a temperaturas mais baixas, utilizando agentes complexantes e precursores de componentes aniónicos para reduzir a taxa de reação, embora isto aumente significativamente o tempo de síntese.

A adsorção sequencial de camadas iónicas é um processo a baixa temperatura em soluções aquosas [84-85]. Envolve os seguintes passos sequenciais:

- imersão do substrato com uma camada adsorvida de iões numa solução precursora catiónica.

- imersão do substrato em água destilada para remover o excesso de precursor catiónico.

- imersão subsequente numa solução precursora aniónica para adsorver a camada aniónica e sintetizar uma película composta no substrato.

- remoção do excesso de precursor aniónico da superfície da película com água destilada.

Para obter um revestimento com a espessura desejada, esta sequência de acções é repetida várias vezes. Os agentes deste processo são soluções contendo catiões metálicos e aniões calcogénios. No entanto, este método tem um inconveniente significativo: resulta frequentemente em películas de composição não estequiométrica [86] devido a variações nas capacidades de absorção de iões.

O método de auto-organização camada a camada envolve o recozimento de compostos organometálicos depositados como camadas auto-organizadas (SOLs) a partir de soluções não aquosas. Subsequentemente, é produzido o calcogeneto metálico correspondente. Este método partilha semelhanças com a adsorção sequencial de camadas iónicas no seu procedimento, mas a formação de SOLs é aqui o resultado de interacções químicas entre os componentes.

Os autores em [87] propuseram um método para sintetizar filmes de HgS, que envolve cinco passos primários:

1. Modificação da superfície do substrato com uma solução de tolueno de 3-mercaptopropiltrimetoxisilano.

2. Imersão do substrato modificado numa solução alcoólica contendo acetato de mercúrio.

3. Subsequente imersão do substrato em etanol para remover o excesso de acetato de mercúrio.

4. Imersão do substrato numa solução alcoólica de 1,6-hexanodiol.

5. Remoção do excesso de 1,6-hexanodiol por imersão do substrato em etanol.

Para aumentar a espessura da película, os passos 2-5 são repetidos ciclicamente, seguidos de um processo de recozimento.

Este método permite um controlo preciso da espessura da película, da uniformidade e do tamanho do grão do cristal, minimizando o consumo de reagentes. No entanto, uma desvantagem notável é a necessidade de reagentes orgânicos, que podem nem sempre estar prontamente disponíveis.

1.4.3. Métodos combinados

Foram desenvolvidos métodos combinados, como a evaporação reactiva, a pulverização iónica reactiva e a deposição por plasma, com base em métodos físicos e químicos de deposição de vapor.

Pulverização iónica reactiva. O método baseia-se no bombardeamento da superfície de um sólido com átomos individuais, iões ou moléculas cuja energia cinética excede a energia de ligação dos átomos na rede cristalina. Estes últimos deslocam-se para novas posições, o que leva à migração superficial dos átomos e à formação de defeitos. Os iões são principalmente utilizados para bombardeamento, uma vez que podem receber a energia cinética necessária através de campos eléctricos [41, 88]. Também é possível utilizar um cátodo feito de um metal que é um catião num composto e uma mistura de um gás inerte com um gás que forma um anião no composto como atmosfera. A vantagem deste método é que a composição química da película corresponde à do cátodo.

As desvantagens do método de pulverização catódica são:

- baixas taxas de deposição de película;

- parte do material pulverizado é disperso e regressa à superfície do sólido;

- é impossível alterar de forma independente a densidade da corrente iónica e a pressão do gás.

Método de pulverização (evaporação reactiva). A essência do método consiste em fornecer vapores de agente a um substrato aquecido através da pulverização de soluções aquosas apropriadas ou outras soluções de um ou mais reagentes [89]. O grau de orientação e cristalização da película depende da composição da substância de partida, do tipo de substrato, da sua temperatura e da razão entre as concentrações de aniões e catiões.

O método é de baixo custo, económico em termos de materiais de base e adequado para cobrir áreas relativamente grandes. Ao mesmo tempo, a qualidade das películas é baixa e estas apresentam muitos defeitos estruturais. O tipo de sal afecta a cristalinidade e a orientação dos grãos. Caracterizam-se também por uma elevada sensibilidade à adsorção de oxigénio, o que constitui uma desvantagem importante na utilização destas películas em células solares.

O sulfureto e o seleneto de cádmio são materiais semicondutores de película fina amplamente estudados. A deposição de camadas de CdS e CdSe, que são utilizadas para fabricar células solares, é efectuada por vários métodos: vácuo [90] e evaporação térmica [91-98], vácuo [99, 100] e deposição térmica [101], pulverização iónica [102, 103], feixe molecular e epitaxia gasosa [104], deposição por transporte de gás e evaporação térmica num volume quase fechado [105], interação sequencial e adsorção de camadas iónicas [106, 107], método sol-gel [108], deposição química [109] e física de vapor utilizando substâncias organometálicas [110-112], deposição eletroquímica [113], eletrostática [114] e eletrodeposição [115-120], deposição por laser pulsado [121-123], deposição Langmuir [124] e outras [125].

As películas obtidas pelos métodos acima referidos têm estruturas diferentes, são heterogéneas, não estequiométricas e não cobrem completamente a superfície do substrato. A qualidade da película depende de vários factores (temperatura, pH do eletrólito, tipo de sal, natureza do substrato, taxa de crescimento dos cristais, etc.) que não podem ser controlados durante o processo de deposição.

1.4.4. Deposição química superficial (CSD). Este método é ideal para o fabrico de películas finas em grandes superfícies, uma vez que é tecnologicamente simples e barato (não requer vácuo, equipamento intensivo em termos de materiais e energia, nem temperaturas elevadas), o que constitui um dos principais requisitos para a criação de SC de utilização maciça. A tecnologia CSD de películas semicondutoras envolve a aplicação de uma solução contendo iões de metal e enxofre ou selénio a um substrato.

A deposição de películas finas de CdS a partir de soluções aquosas é uma reação entre sais de cádmio e tiocarbamida (tioureia) num ambiente alcalino. Os sais simples que contêm cádmio são os mais utilizados: $CdSO_4$, CdI_2 , $Cd(NO\ )_{32}$, $Cd(CH_3\ COO)_2$ e $CdCl_2$. A tioureia (TU) é utilizada como agente contendo enxofre nas reacções de deposição de sulfuretos porque tem uma elevada afinidade para os catiões metálicos e decompõe-se a baixas temperaturas. O processo de deposição pode ser descrito por dois mecanismos: homogéneo e heterogéneo [126].

O mecanismo homogéneo envolve a formação de um revestimento a partir de partículas coloidais de CdS, que se formaram em solução e que consiste em várias fases:

1. Dissociação do hidróxido de amónio:

$$NH_4^+ + OH^- \rightarrow NH_3 + H_2O \qquad (1.1)$$

Num meio alcalino, o Cd^{2+} pode interagir com iões OH^-, formando potencialmente um produto indesejável, o $Cd(OH)_2$:

$$Cd^{2+} + OH^- \rightarrow Cd(OH)_2 \downarrow \qquad (1.2)$$

2. A hidrólise da tioureia $(NH_2)_2CS$ gera iões sulfureto (S):

$$(NH_2)_2CS + H_2O \rightarrow HS^- + H^+ + (NH_2)_2CO \qquad (1.3)$$

$$HS^- + OH^- \rightarrow S^{2-} + H_2O \qquad (1.4)$$

3. A formação do produto final:

$$Cd^{2+} + S^{2-} \rightarrow CdS \downarrow \qquad (1.5)$$

No mecanismo heterogéneo, as películas finas de CdS são depositadas a partir de soluções aquosas através da formação do ião complexo tetraamina de cádmio $[Cd(NH_3)_4]^{2+}$. Este ião reduz a velocidade global da reação e inibe a formação de $Cd(OH)_2$. Interage depois com os iões sulfureto gerados pela hidrólise do TU (equações (1.3) e (1.4)):

$$Cd^{2+} + 4NH_4OH \rightarrow [Cd(NH_3)_4]^{2+} + 4H_2O .$$

$$[Cd(NH_3)_4]^{2+} + S^{2-} \rightarrow CdS \downarrow + 4NH_3 .$$

Em geral:

$$[Cd(NH_3)_4]^{2+} + (NH_2)_2CS + OH^- \rightarrow CdS \downarrow + 4NH_3 + H^+ + (NH_2)_2CO .$$

A deposição de filmes de sulfureto a partir de compostos de coordenação de tioureia tem várias características químicas. Dependendo da natureza do sal e da composição da solução, podem predominar diferentes formas de coordenação e, juntamente com as moléculas de tioureia, a esfera interna do complexo pode incluir aniões Cl^-, Br^-, I^- e, em determinadas condições, SO_4^{2-} . Assim, os átomos de enxofre, halogéneo e oxigénio podem estar próximos dos átomos de cádmio e, durante a destruição térmica, algumas das ligações Cd-Hal ou Cd-O são preservadas e formam-se defeitos $Hal_S^{\bullet}$ e $O_S^{\bullet}$ na rede de sulfureto [127].

No processo de interação com o substrato, os complexos de tiocarbamida são orientados para os centros activos da sua superfície. As partículas complexas que podem interagir com os centros activos do substrato são o elo que assegura a ligação do sulfureto ao substrato. A natureza desta interação determina a natureza da adesão da película.

No caso da deposição de sulfureto de cádmio em substratos de quartzo ou vidro, os centros activos são grupos silanol ($\equiv$Si-OH) que interagem com complexos mistos de halogenetos ou hidroxilos para formar pontes de oxigénio do tipo Cd-O-Si [128].

O método CSD permite a produção de películas finas utilizando a superfície do substrato como fonte de calor. A tensão superficial da solução minimiza o volume de líquido utilizado. A combinação do método de fornecimento de calor e o pequeno volume de solução reduzem a quantidade de resíduos de cádmio e seus compostos.

1.5. Características comparativas dos métodos de fabrico de películas finas de calcogenetos metálicos do subgrupo do zinco

Foi efectuada uma investigação exaustiva sobre a influência das condições de síntese, incluindo a temperatura e o tempo, nas propriedades estruturais, na morfologia da superfície e na espessura das películas finas semicondutoras de ZnS e ZnSe obtidas através de vários métodos. Os resultados desta análise foram organizados e apresentados nas Tabelas 1.7 e 1.8.

As películas produzidas por métodos físicos consomem normalmente muita energia, uma vez que a sua produção requer temperaturas elevadas e, frequentemente, condições de vácuo, juntamente com equipamento dispendioso. A estrutura cristalina destas películas é maioritariamente cúbica, principalmente porque são derivadas de pós de compostos de calcogenetos de zinco pré-obtidos, que possuem inerentemente uma estrutura cúbica, e a energia disponível pode não ser suficiente para uma transformação de fase completa.

Películas produzidas por métodos químicos. Estes métodos são mais simples, mais baratos e consomem menos energia do que os métodos físicos e não requerem a utilização de equipamento dispendioso. A exceção é a deposição química de vapor. As películas obtidas por estes métodos não são inferiores, nas suas características, às obtidas por métodos físicos. A estrutura cristalina das películas pode ser cúbica ou hexagonal, ou uma mistura das duas, uma vez que, ao contrário dos métodos físicos, o composto de calcogeneto de zinco é obtido no substrato a partir dos reagentes iniciais contendo zinco e calcogénio, durante a reação química entre eles. É lógico assumir que, neste caso, a natureza do substrato afectará a formação e o crescimento da película numa determinada estrutura.

As películas de ZnS são produzidas maioritariamente por métodos químicos, enquanto as de ZnSe são produzidas por métodos físicos. Isto deve-se à maior complexidade da síntese de películas de seleneto de zinco através de reacções químicas, ao custo mais elevado dos agentes contendo selénio do que os que contêm enxofre, à necessidade de utilizar um reagente adicional (hidrato de hidrazina) para obter ou manter a estabilidade dos iões de selénio durante o processo de síntese.

Caracterização comparativa de métodos de produção de películas finas de sulfureto de zinco

Método de síntese	Condições de obtenção	Espessura	Morfologia
Sublimação por vácuo	300-900 °C, 1-5 min	70-200 nm	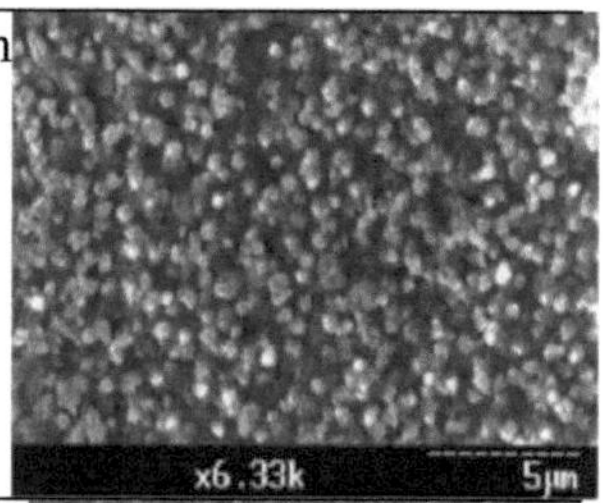
Deposição por laser pulsado	300 °C, 30 min	500-600 nm	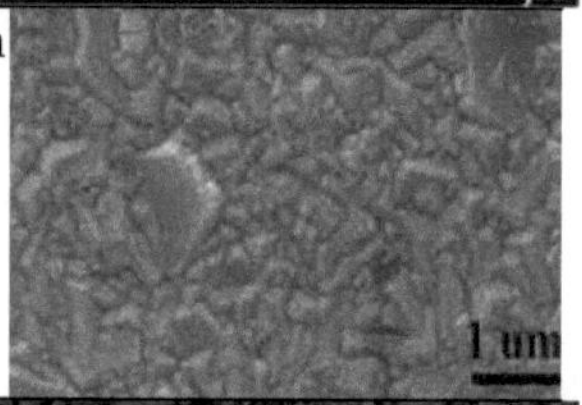
Pulverização catódica de magnetrões por radiofrequência	200-650 °C, 80-120 min	80-860 nm	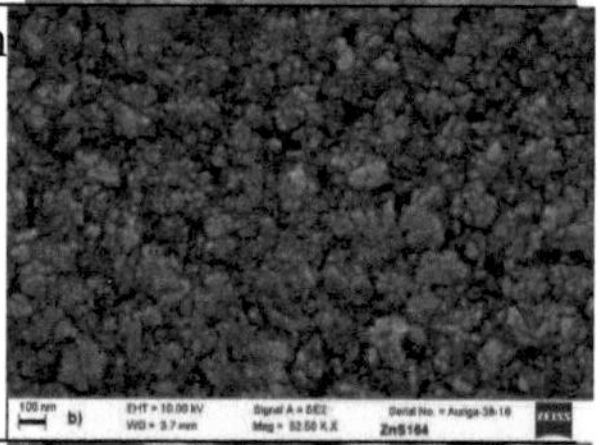
Deposição eletroquímica	20 °C, 10-30 min	1-4 µm	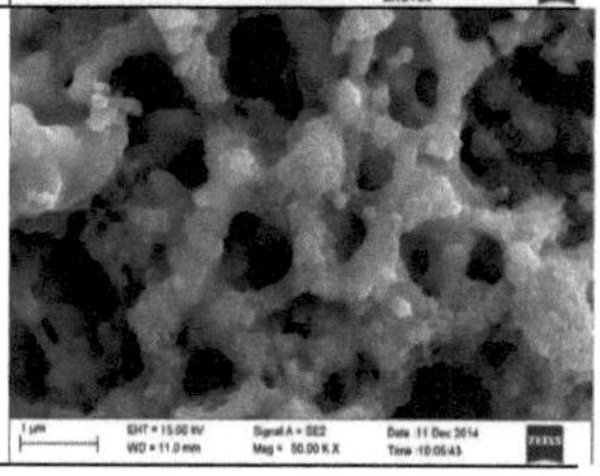

Deposição sol-gel	80-250 °C, 120-180 min	200-300 nm	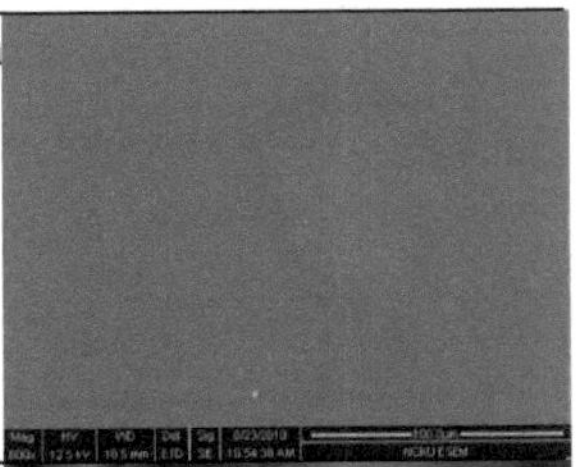
Deposição de vapor químico	250-500 °C, 20-40 min	40-60 nm	
Adsorção sequencial de camadas iónicas com reação	20-30 °C 10-80 min	10-140 nm	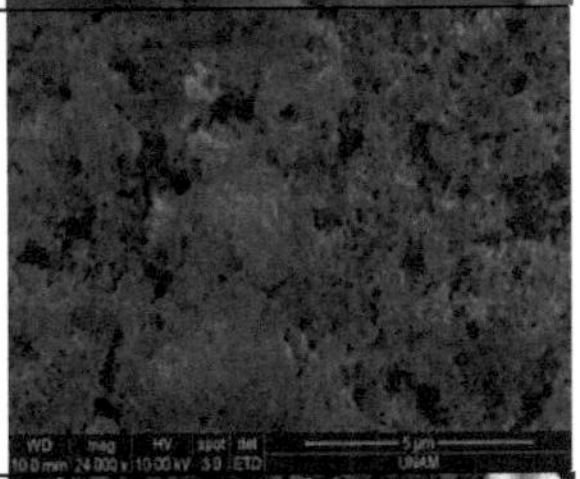
Pirólise por pulverização	300-450 °C, 10 min	200 nm	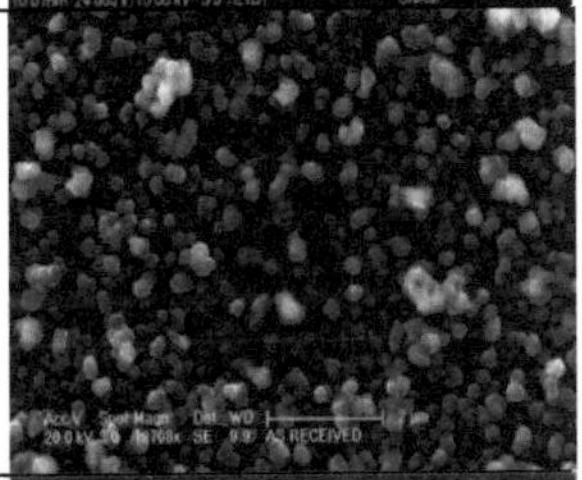
Deposição por banho químico	50-90 °C, 20-120 min	30-300 nm	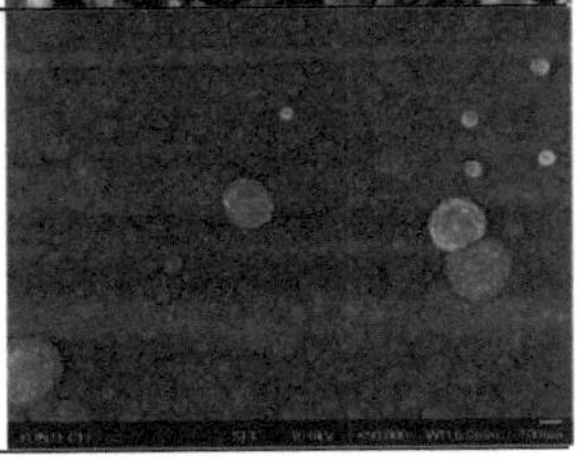

Caracterização comparativa de métodos de produção de películas finas de seleneto de zinco

Método de síntese	Condições de obtenção	Espessura	Morfologia
Sublimação por vácuo	600-800 °C, 2-10 min	190-500 nm	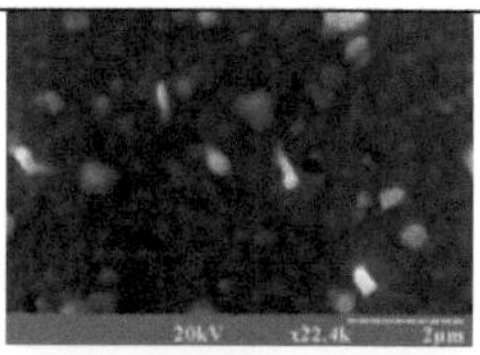
Deposição por feixe de electrões	700 °C, 180-600 min	400-1200 nm	
Epitaxia por feixe molecular	320 °C, 60-120 min	250-600 nm	
Deposição por laser pulsado	300 °C, 30 min	500-600 nm	
Deposição eletroquímica	20 °C, 10-30 min	1-4 µm	
Deposição por banho químico	50-90 °C, 10-200 min	50-400 nm	

Foi efectuada uma investigação exaustiva das propriedades ópticas e morfológicas, das condições do processo, dos defeitos superficiais e da espessura das películas de semicondutores de CdS obtidas por diferentes métodos. Os resultados da análise da literatura estão resumidos na Tabela 1.9.

Tabela 1.9.

Caracterização comparativa de métodos de produção de películas finas de CdS

Método de síntese	Condições de obtenção	Espessura	Morfologia
Sublimação por vácuo	700 °C, 10 min	(0,1-3,0) μm	
Método Sol-gel de cobertura por centrifugação	120 °C, 60 min	(10-20) nm	
Eletrodeposição	20 °C, 10-30 min	(1-4) μm	

35

Evaporação no vácuo	500 °C, 60 min		
Pulverização de alta frequência	300 °C	200 nm	
Deposição por banho químico	70 °C, 120 min	(50-400) nm	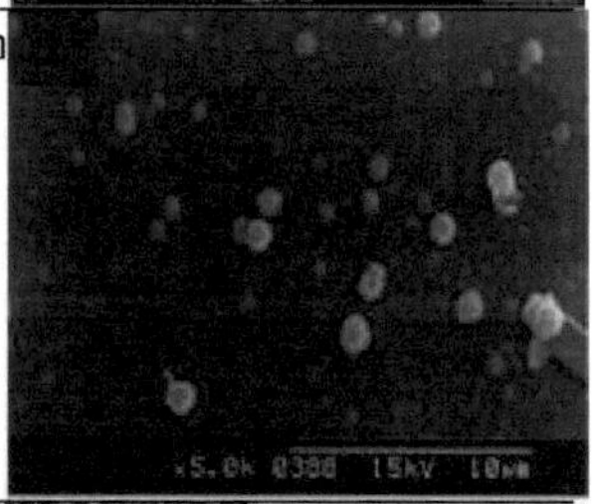
Método do volume quase fechado	700 °C, 8-10 min	(0,4-6,0) µm	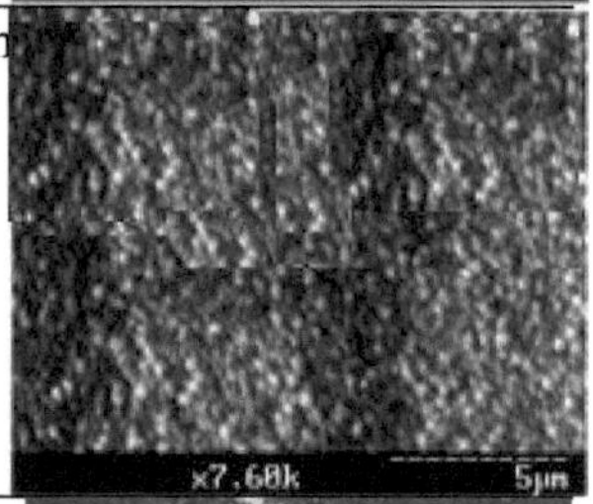
Deposição química em superfície	50-90 °C, 1-24 min	(30-100) nm	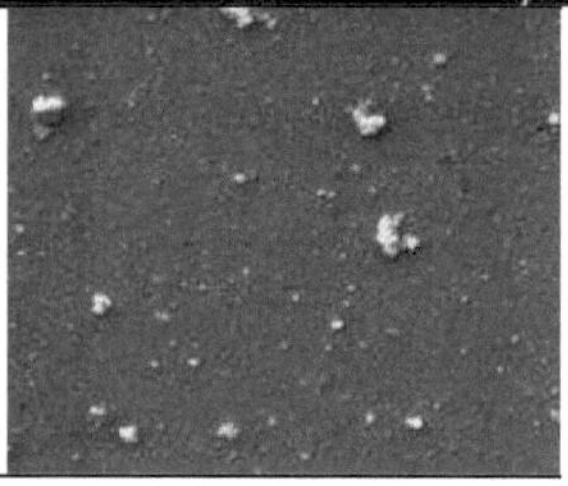

Foi efectuada uma investigação exaustiva da influência das condições de síntese (temperatura, tempo) nas propriedades estruturais, morfologia da superfície e espessura das películas finas semicondutoras de HgS e HgSe obtidas por diferentes métodos. Os resultados da análise estão resumidos na Tabela 1.10.

As películas são produzidas por métodos físicos. Estes métodos são bastante intensivos em termos energéticos, exigindo temperaturas elevadas, frequentemente vácuo, e equipamento dispendioso.

A estrutura cristalina das películas é predominantemente cúbica, uma vez que são obtidas a partir de pós de compostos de calcogenetos de mercúrio prontos a usar que têm uma estrutura cúbica, e a energia para uma transformação de fase completa é insuficiente.

Películas produzidas por métodos químicos. Estes métodos são mais simples, mais baratos e menos intensivos em energia do que os métodos físicos, e não requerem a utilização de equipamento dispendioso. A exceção é a deposição química de vapor. As películas obtidas por estes métodos não são inferiores, nas suas características, às películas sintetizadas por métodos físicos.

A estrutura cristalina pode ser trigonal, cúbica ou uma mistura de ambas para as películas de HgS e cúbica para as películas de HgSe, uma vez que, ao contrário dos métodos físicos, o composto de calcogeneto de mercúrio é obtido num substrato a partir de reagentes iniciais contendo mercúrio e calcogénio durante uma reação química entre eles.

As películas de HgS e HgSe são produzidas por métodos químicos, e as heteroestruturas nelas baseadas são produzidas por métodos físicos. Isto deve-se à maior complexidade da síntese de películas utilizando reacções químicas devido ao maior número de reagentes na solução de trabalho, à grande diferença entre os produtos de solubilidade do calcogeneto de mercúrio e dos calcogenetos de outros metais e à dificuldade em escolher um agente complexante. No caso da síntese de heteroestruturas de seleneto, o custo mais elevado dos agentes contendo selénio do que os agentes contendo enxofre, a necessidade de utilizar um reagente adicional para obter e manter a estabilidade dos iões de selénio durante o processo de síntese.

Quadro 1.10

Caracterização comparativa de métodos de produção de películas finas de HgS e HgSe

Método de síntese	Condições de obtenção	Espessura	Morfologia
HgS			
Deposição sob vácuo	100-185 °C	0,23-11,5 µm	-
Pulverização catódica por magnetrão de radiofrequência	100-150°C 60 min	1,0 µm	
Epitaxia em fase vapor	630 °C, 30-60 min	-	-
Deposição eletroquímica	25 °C	0,42 nm	
Deposição sol-gel	60-100 °C, 30-480 min	-	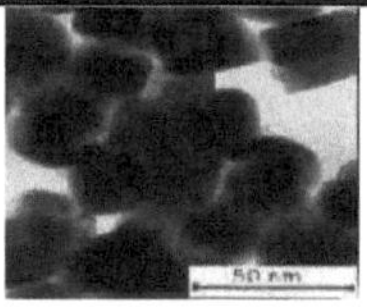

Precipitação química a partir de solução coloidal	7-30 °C; 960-1440 min	35-1030 nm	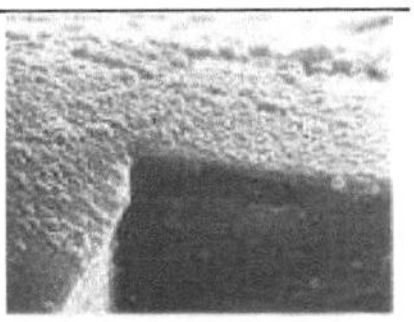
Adsorção sequencial em camadas iónicas	27 °C, 80 seg. no ciclo, até 100 ciclos	15-105 nm	
Método de auto-organização em camadas	90 °C, 15 min num ciclo	195 nm	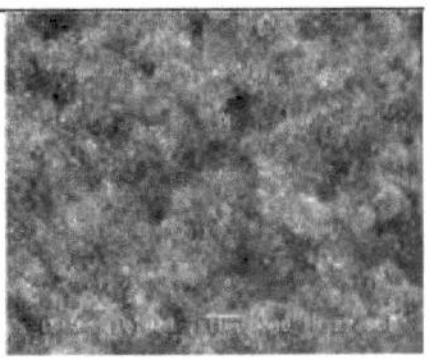
Pirólise por pulverização	200 °C, 20 min	200-500 nm	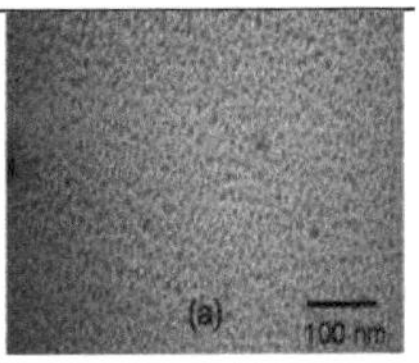
Deposição química	27 °C, 240 min	30-500 nm	

HgSe			
Deposição sob vácuo	217-247 °C, 30-45 min	350-500 nm	-
Epitaxia por feixe molecular	170-200°C, 90-120 min	0,4-0,7 µm	-
Deposição eletroquímica	30-70 °C, 30-150 min	300-900 nm	
Pirólise por pulverização	200 °C, 20 nm	200-500 nm	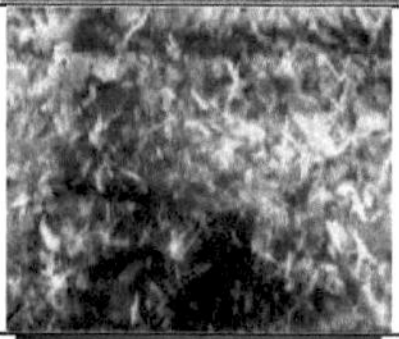
Deposição química	75 °C, 60-105 min	-	

CAPÍTULO 2:
MÉTODOS DE INVESTIGAÇÃO PARA PELÍCULAS METÁLICAS DO SUBGRUPO DO ZINCO

2.1. Difração de raios X

Este método permite determinar a presença de certas fases em amostras policristalinas e estabelecer a sua estrutura cristalina [129].

O método de análise por raios X baseia-se em duas características dos raios X:

- a capacidade de penetrar numa substância;

- a capacidade de difração das unidades estruturais do cristal, que se repetem periodicamente no espaço e que constituem a substância.

A difração dos raios X pode ser considerada como a reflexão destes raios a partir dos planos atómicos de um cristal e pode ser descrita pela equação de Wolfe-Bragg:

$$2d{\cdot}sin\theta = n\lambda$$

em que: n - um número inteiro (1, 2, 3, ...), designado por ordem de reflexão;

λ - Comprimento de onda dos raios X;

d - distância interplanar;

θ - ângulo de difração.

Se a equação de Bragg for cumprida, os raios reflectidos propagam-se na mesma fase e a sua interferência conduz a um máximo no padrão de difração. Caso contrário, os raios extinguem-se. Uma vez que cada fase de uma amostra policristalina tem uma rede cristalina com um conjunto caraterístico de distâncias "d" entre planos cristalográficos paralelos, os raios X são reflectidos a partir desses planos e difractam com um conjunto de ângulos de Bragg "θ" e intensidades relativas de reflexões de difração características apenas dessa fase. Estas últimas foram registadas com um difratómetro. O padrão de difração é o resultado da sobreposição dos padrões de difração das fases individuais.

Os difractogramas obtidos foram comparados com difractogramas teóricos de componentes puros, compostos binários e compostos ternários utilizando o programa PowderCell [130].

A estrutura cristalina foi refinada utilizando dados de difração de pó adquiridos passo a passo. Os difractogramas experimentais foram recolhidos utilizando um difratómetro automático DRON-3.0 com radiação CuKα. As coordenadas atómicas, os factores de enchimento do sistema de pontos e as correcções isotrópicas de temperatura foram determinados utilizando o método de cálculo de Rietveld com o programa FullProf [131, 132].

A fiabilidade do modelo selecionado foi avaliada pelos valores dos factores de divergência R:

$$R_p = \frac{\sum |y_{oi} - y_{ci}|}{\sum y_{oi}} \times 100, \% \text{ - o fator de divergência do perfil;}$$

$$R_{wp} = \left\{ \frac{\sum w_i (y_{oi} - y_{ci})^2}{\sum w_i (y_{oi})^2} \right\}^{1/2} \times 100, \% \text{ - o fator de divergência do}$$

perfil e tem em conta o esquema de ponderação (é utilizado para avaliar a qualidade e a fiabilidade do modelo refinado da estrutura cristalina);

$$R_{Bragg} = \frac{\sum |I_o - I_c|}{\sum I_o} \times 100, \% \text{ - o fator de divergência de Bragg;}$$

$$R_{exp} = \left\{ \frac{N - P + C}{\sum (w_i \cdot y_{oi})^2} \right\}^{1/2} \times 100, \% \text{ - o fator de divergência esperado;}$$

$$\chi^2 = \left\{ \frac{R_{wp}}{R_{exp}} \right\}^2 \quad \text{- o fator de qualidade da descrição do perfil;}$$

$$R_F = \frac{\sum |F_{obs} - F_{calc}|}{\sum F_{obs}} \times 100,\% \quad \text{- fator cristalográfico (estrutural),}$$

em que: y_{oi} та y_{ci} - intensidades observadas e calculadas no i-ésimo passo (ponto de dados), respetivamente;

w_i - fator de peso;

I_o ma I_c - intensidades de reflexo observadas e calculadas;

N - o número de pontos utilizados para o refinamento;

P - o número de parâmetros refinados;

C - o número de funções de restrição;

F_{obs} - um fator estrutural observado;

F_{calc} - o fator estrutural calculado.

Considera-se que uma estrutura está corretamente definida se $R_{Bragg} < 15$ %.

2.2. Espectroscopia de raios X

A espetroscopia de raios X é uma análise elementar de uma substância baseada nos seus espectros de raios X. A análise qualitativa é realizada pela localização espetral de linhas características no espetro de radiação da amostra em estudo, com base na lei de Moseley, que estabelece a relação entre a frequência da radiação de raios X caraterística de um elemento e o seu número atómico; a análise quantitativa é realizada pelas intensidades dessas linhas. Todos os elementos com um número atómico $Z \geq 11$ podem ser determinados pela análise espetral de raios X. O limiar de sensibilidade do método é, na maioria dos casos, de $10\text{ -}10^{-2\text{-}4}$

%, e a duração é de vários minutos (incluindo a preparação da amostra). O método não destrói a amostra [133-139].

2.3. Análise de fluorescência de raios X (XRFA)

Quando um fotão de radiação primária de raios X é absorvido, um fotoeletrão é eliminado do átomo e forma-se uma vaga numa das camadas de energia interna. A redução da energia do átomo através do preenchimento desta vaga com um eletrão mais distante do núcleo é possível através de dois tipos de transições: radiação com a emissão de um fotão de radiação caraterística e sem radiação com a ejeção de outro eletrão da camada eletrónica do átomo. No primeiro caso, o átomo emite radiação fluorescente, enquanto no segundo caso, não emite (Fig. 2.1).

A teoria da radiação caraterística baseia-se no modelo do átomo de Bohr, em que os electrões ocupam níveis de energia ou cascas denotados por números quânticos principais: K ($n = 1$), L ($n = 2$), M ($n = 3$), N ($n = 4$), e assim por diante. Estes níveis podem conter um número específico de electrões: Casca K (2 electrões), casca L (8 electrões), casca M (18 electrões), etc. Cada nível de energia consiste em subníveis, como 1s, 2s, 2p, 3s, 3p, 3d e assim por diante. As transições para os níveis K, L ou M são designadas por séries K, L ou M (transições K, L ou M) e são representadas por letras gregas com índices numéricos (por exemplo, α, β, η, etc.) (Fig. 2.2).

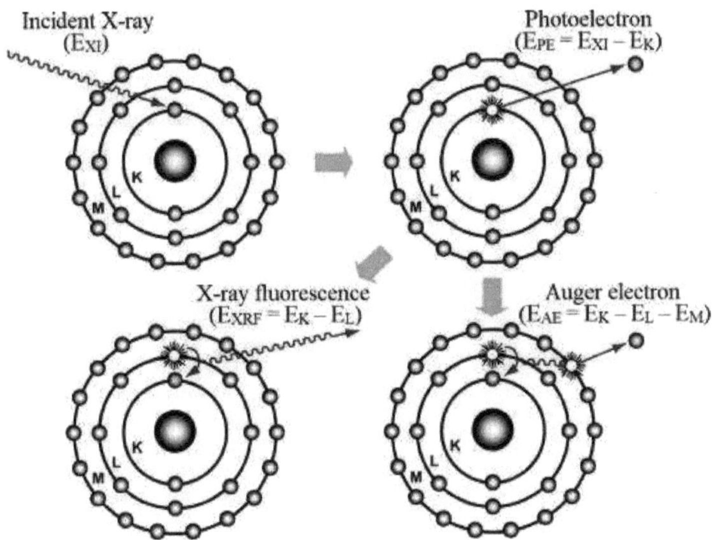

Fig. 2.1. Esquema da interação dos raios X com um átomo

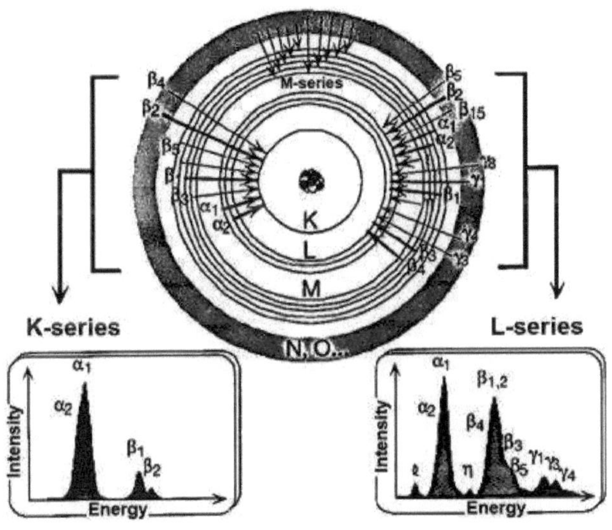

Fig. 2.2. Esquema das transições electrónicas de um átomo

Considere n átomos com um eletrão em falta na *concha q*, resultando num estado q. Se alguns destes átomos sofrerem uma transição radiativa para o estado n_f , enquanto os restantes sofrem a transição Auger, a probabilidade de emitir um fotão, denotada por ω_q , é determinada pela seguinte relação:

$$\omega_q = \frac{n_f}{n} \; ; (2.1)$$

Esta probabilidade, designada por ω_q , é referida como o rendimento de fluorescência ao nível *nível q*. O rendimento de fluorescência depende de vários factores, sendo os principais determinantes o número atómico do elemento Z e a camada específica q em que foi criada a vaga livre. Para os elementos mais leves, o rendimento de fluorescência é notavelmente baixo (aproximadamente 10^{-4} para o boro), mas aproxima-se rapidamente de um valor de cerca de 1 para a camada *K* dos elementos mais pesados (ver Fig. 2.3).

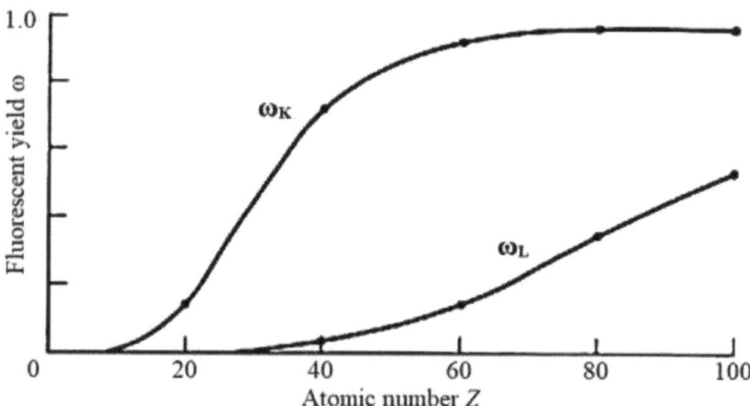

Fig. 2.3. Rendimentos de fluorescência de cascas K e L em função de

de número atómico Z

46

Consequentemente, para a camada K de elementos com números atómicos (Z) entre 20 e 80, o rendimento de fluorescência (ω_K) aumenta de 0,13 para 0,95. Em comparação, para a concha L destes mesmos elementos, ω_L aumenta de 0,01 para 0,38. Este facto representa um desafio no contexto da deteção de elementos mais leves através de XRFA.

Se uma radiação primária monocromática de raios X com uma intensidade de I_I irradia uma amostra com uma área s e uma espessura d, num ângulo φ *em* relação à superfície, e a radiação de fluorescência é detectada a uma distância R da amostra, formando um ângulo ψ com a superfície da amostra, então a intensidade da *i-ésima* linha (I_{2i}) no espetro da

no espetro da *série q* da radiação de fluorescência pode ser calculada do seguinte modo

$$I_{2i} = \frac{I_I}{4\pi R^2}\omega_q\frac{S_q-1}{S_q}s\frac{\lambda_I}{\lambda_i}\tau_I p_i\frac{\sin\varphi\sin\psi}{\mu_I\sin\psi+\mu_i\sin\varphi}\left\{1-\exp\left[\frac{\sin\varphi\sin\psi}{\mu_I\sin\psi+\mu_i\sin\varphi}\right]d\right\};$$

(2.2)

para uma amostra muito espessa, assume-se que $d \to \infty$, então:

$$I_{2i} = \frac{I_I}{4\pi R^2}\omega_q\frac{S_q-1}{S_q}s\frac{\lambda_I}{\lambda_i}\tau_I p_i\frac{\sin\varphi\sin\psi}{\mu_I\sin\psi+\mu_i\sin\varphi};$$ (2.3)

em que: ω_q *ma* S_q - rendimento de fluorescência e pico de absorção *do nível q*, respetivamente; λ_I *i* λ_i - os comprimentos de onda dos raios X iniciais e da *i-ésima* linha da radiação fluorescente, respetivamente; τ_I - o coeficiente de absorção dos raios X iniciais; p_i - a parte da intensidade da *i-ésima* linha na intensidade total das linhas *da série q*; μ_I e μ_i - os coeficientes de atenuação linear na amostra da radiação de raios X inicial e da *i-ésima* linha de radiação fluorescente, respetivamente.

Nas equações (2.2) e (2.3), os valores de τ_I e μ_I dependem de λ_I. Assim, se

$\lambda_I > \lambda_q$ (λ_q é o comprimento de onda da absorção de *borda q*), não se formará nenhuma vacância livre no nível q, e $I_{2i} = 0$. Quando $\lambda_I \approx \lambda_q$, I_{2i} atinge o seu valor máximo (com λ_I ligeiramente inferior a λ_q), e com uma diminuição adicional de λ_I em relação a λ_q, I_{2i} diminui muito rapidamente.

Assim, para assegurar a maior intensidade de emissão de fluorescência da amostra, é necessário escolher o material do ânodo da ampola de raios X de modo a que a linha mais intensa do seu espetro caraterístico se situe, se possível, mais perto da *aresta q* de absorção do elemento excitado, no lado de onda curta desta aresta. Se um Se não for possível selecionar uma ampola de raios X com um ânodo deste tipo, deve utilizar-se a radiação de travagem do ânodo para excitar a fluorescência. Para garantir a maior intensidade das linhas espectrais, o material do ânodo deve ter um número atómico elevado (por exemplo, um espelho de ânodo de tungsténio, $Z = 74$) e é aplicada uma tensão suficientemente elevada à ampola de raios X.

A partir das equações (2.2) e (2.3), conclui-se que a intensidade de fluorescência de I_{2i} depende da tensão V aplicada ao tubo de raios X da mesma forma que a intensidade da radiação inicial de raios X I_I :

$$I_{2i} \approx I_I \approx \left(V - V_q\right)^2 ; \;(2.4)$$

onde: V_q - o potencial de excitação da *série q* do espetro inicial do material a que pertence a *i-ésima* linha.

A fórmula (2.4) é válida até um valor de $V \leq 3V_q$, com o aumento da tensão V, a intensidade de fluorescência I_{2i} aumenta mais lentamente. Em condições reais de excitação, a lei de potência da fórmula (2.4) pode variar em função da tensão no tubo de raios X e da composição química do emissor no intervalo de 1 a 2. Além disso, na determinação de elementos luminosos, devido à aplicação de uma tensão elevada ao tubo de raios X, podem observar-se picos adicionais do material detetor, uma vez que pode ocorrer a sua excitação parcial sob a influência da radiação secundária de alta energia dos elementos a detetar.

Ao analisar uma amostra real que contenha C_A por % em massa do elemento A, a intensidade da *i-ésima* linha do elemento A pode ser estimada pelas fórmulas (2.2) ou (2.3), cujo lado direito deve ser multiplicado por $C_v = \rho C_A$ (C_v é a concentração volumétrica do elemento A na amostra, ρ é a densidade da amostra), e os coeficientes de atenuação linear devem ser substituídos por coeficientes de massa:

$$I_{2i} = K \frac{C_A}{\mu_{mI} / \sin\varphi + \mu_{mi} \sin\psi'} \left\{ 1 - \exp\left[\left(\mu_{mI} / \sin\varphi + \mu_{mi} \sin\psi' \right) \rho d \right] \right\} ; (2.5)$$

quando $d \to \infty$:

$$I_{2i} = K \frac{C_A}{\mu_{mI} / \sin\varphi + \mu_{mi} \sin\psi'} ; (2.6)$$

em que: μ_{mI} i μ_{mi} - os coeficientes de absorção de massa dos raios X iniciais e da i-ésima linha de radiação fluorescente na amostra, respetivamente *i-ésima* linha de radiação fluorescente na amostra, respetivamente; K - um coeficiente que não depende da composição química da substância.

As expressões (2.5) e (2.6) mostram que a intensidade das linhas do espetro secundário depende não só da concentração do elemento A mas também da composição química global da amostra, expressa em coeficientes de absorção mássica. A dependência da intensidade de fluorescência da composição química da amostra em estudo é particularmente forte quando esta contém quantidades variáveis de elementos que provocam efeitos selectivos de excitação e absorção.

O efeito de absorção selectiva é causado pelos elementos B presentes na amostra, com comprimentos de onda do bordo de absorção λ_q^B ligeiramente mais longos do que a *i-ésima* linha analítica do elemento A (ou seja, $\lambda_i^A \leq \lambda_q^B$). A influência do efeito de absorção selectiva é menor quando os valores destes comprimentos de onda são mais diferentes. Este efeito pode ser induzido por elementos tanto próximos como afastados do elemento a determinar, levando à interação entre a *i-ésima* linha e *as arestas q* pertencentes a séries diferentes.

Os efeitos de absorção selectiva induzidos pelo elemento B são devidos a diferenças nos comprimentos de onda das suas absorções de borda q'e borda q em comparação com o elemento A. Quando os átomos dos elementos A e B absorvem seletivamente os raios X iniciais com composição espetral semelhante, um aumento na concentração do elemento B na amostra conduzirá a uma redução na intensidade das linhas *da série q* do elemento A.

O efeito de excitação selectiva na *i-ésima* linha da *série q* do elemento A pode ser atribuído à presença do elemento B na amostra, cujo comprimento de onda da radiação secundária é inferior ao comprimento de onda de absorção da *aresta q* do elemento em análise. A intensidade da linha do espetro de fluorescência do elemento A é aumentada devido à excitação adicional do átomo B por radiação secundária. Quanto mais o comprimento de onda da linha do elemento B coincidir com o comprimento de onda de absorção da *aresta q* do elemento A, mais pronunciada será a excitação adicional do elemento A.

O aumento da intensidade da linha do espetro de fluorescência devido ao efeito de excitação de segunda ordem não excede normalmente 20-30 %, e o impacto do efeito de excitação de terceira ordem ($I2i$, intensidade $_{NiFe}$) raramente é superior a 3 %. O efeito de terceira ordem é frequentemente ignorado na prática analítica devido à sua influência negligenciável.

É importante notar que o impacto da absorção selectiva na intensidade da fluorescência é significativamente influenciado pela geometria do espetrómetro. Além disso, o efeito da excitação selectiva dos átomos do elemento em análise acompanha sempre a absorção selectiva dos raios X iniciais. Estes dois efeitos actuam em direcções opostas na intensidade I_{2i}^{A} das linhas espectrais de fluorescência do elemento A. As suas magnitudes dependem das condições específicas de análise, particularmente dos ângulos de incidência (φ) para a radiação inicial e de emissão (ψ) para a fluorescência. Por conseguinte, dependendo destes ângulos, é possível compensar os seus efeitos na intensidade de fluorescência do elemento A.

A composição química do material de enchimento da amostra perturba significativamente a dependência da intensidade das linhas do elemento A em relação à sua concentração na amostra, o que complica a análise quantitativa por XRD [140].

2.4. Espectroscopia ótica

Este método é utilizado para investigar as propriedades ópticas de materiais semicondutores na região do espetro visível e na sua vizinhança imediata, abrangendo as regiões do ultravioleta próximo e do infravermelho. Ao estabelecer a relação entre os comprimentos de onda da luz e a transmissão ou absorção, os investigadores podem explorar os níveis de energia, as probabilidades de transição e outras propriedades das amostras que estão a ser examinadas. Além disso, permite efetuar avaliações iniciais da composição das fases do semicondutor [141].

A dependência da absorção é descrita pelo coeficiente α, que é definido como a diminuição relativa da intensidade da luz, $L(h\nu)$, ao longo da direção da sua propagação:

$$\alpha = \frac{1}{L(h\nu)} \frac{d[L(h\nu)]}{dx} \; ;$$

O método mais utilizado para determinar o band gap a partir da posição da borda de absorção intrínseca de um semicondutor é traçar a dependência espetral da absorção nas coordenadas $(\alpha \cdot h\nu)^{2/n}$ em $h\nu$, com base na seguinte equação [142]:

$$\alpha(h\nu) = A(h\nu - E_g)^{n/2} \; ;$$

onde: A - um coeficiente que depende do tipo de transição interbanda e das massas efectivas de buracos e electrões; E_g - a largura do intervalo de banda do semicondutor (em electronvolts, eV); n - coeficiente que assume valores diferentes para diferentes tipos de transições. Para transições interbanda directas permitidas, n = 1, e o coeficiente A é determinado da seguinte forma

$$A \approx \frac{q^2 \left(2\dfrac{m_h^* m_e^*}{m_h^* + m_e^*} \right)^{3/2}}{nch^2 m_e^*} \; ;$$

Para transições interzonais directas proibidas, $n = 3$, e o coeficiente A:

$$A \approx \frac{4}{3} \frac{q^2 \left(2\dfrac{m_h^* m_e^*}{m_h^* + m_e^*} \right)^{5/2}}{nch^2 m_h^* m_e^* h\nu} \; ,$$

onde: m_e^* i m_h^* - massas efectivas do eletrão e do buraco; q - carga do eletrão; h - constante de Planck; c - velocidade da luz no vácuo.

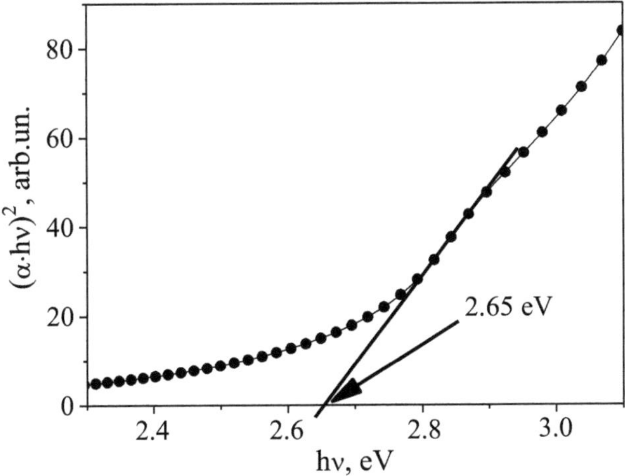

Fig. 2.4. A dependência espetral da absorção ótica do filme de ZnSe é mostrada nas coordenadas $(\alpha{\cdot}h\nu)^2$ *vs.* *hv*. O intervalo de banda, determinado por extrapolação, é de 2,65 eV.

Os compostos ZnS e ZnSe pertencem a semicondutores com transições interbanda de energia direta, em que n é igual a 1. Para determinar o band gap destas amostras, é necessário construir a dependência espetral da absorção nas coordenadas $(\alpha{\cdot}h\nu)^2$ *vs.* *hv*, como mostra a Figura 2.4 [143].

2.5. Espectroscopia de absorção molecular

Os métodos de espetroscopia de absorção molecular baseiam-se na medição da absorção da radiação electromagnética pelas substâncias, de acordo com a lei fundamental da absorção da luz.

Os métodos fotométricos abrangem várias técnicas, dependendo do tipo de radiação electromagnética medida, incluindo

- A espetrofotometria baseia-se na absorção selectiva de radiação monocromática por soluções de substâncias nas regiões espectrais do UV, do visível e do IV;

- A colorimetria e a fotocolorimetria baseiam-se na absorção de soluções, não monocromáticas, mas policromáticas, de luz de espetro estreito gerada por um filtro de luz, normalmente nas regiões espectrais do visível e do UV;

- A turbidimetria e a nefelometria envolvem a absorção ou dispersão da luz por partículas dispersas.

Os métodos de espetroscopia de absorção molecular são utilizados para quantificar substâncias numa vasta gama de concentrações e são conhecidos pela sua elevada sensibilidade e precisão. O erro relativo dos métodos fotométricos situa-se normalmente no intervalo de 3-5% e, em certos casos, pode ser ainda mais baixo, atingindo apenas 1%.

Neste estudo, a turbidimetria é utilizada para fins de investigação. O objeto de medição é uma solução contendo uma suspensão de um composto pouco solúvel, que preenche a cuvete.

Para a análise quantitativa, mede-se a turbidez (D), que corresponde à densidade ótica da solução. O valor da turbidez é influenciado pelas características da suspensão, pela intensidade da luz incidente e pelo método de medição:

$$D = \lg \frac{I_0}{I} = K \frac{Cld^3}{d^4 + \alpha\lambda^4}, \quad (2.7)$$

onde: I_0 e I - as intensidades do fluxo luminoso incidente e do fluxo que atravessou a suspensão sem mudar de direção, respetivamente; K e α - constantes que dependem da natureza da suspensão e do método de medição; C - a concentração da suspensão na solução; l - a espessura da camada absorvente da solução; d - o diâmetro médio das partículas que absorvem o fluxo luminoso; λ - o comprimento de onda da luz incidente.

Sob condições de medição constantes, os valores de K, α, d e λ têm valores fixos específicos que podem ser combinados numa única constante:

$$D = K'Cl, \quad (2.8)$$

em que: K' - uma constante combinada chamada coeficiente de turbidez molar da solução.

Para obter uma suspensão, são utilizadas reacções de precipitação, sujeitas aos seguintes requisitos:

- o produto da reação deve ser praticamente insolúvel;

- o produto da reação deve apresentar-se sob a forma de uma suspensão e não de um precipitado. Se necessário, são adicionados estabilizadores à solução para manter a suspensão.

A preparação para as medições turbidimétricas envolve os seguintes passos:

- Seleção do tamanho da cuvete: Escolher a espessura da cuvete de modo a garantir que a absorvância se situa no intervalo de 0,4 a 1,0 para o menor erro de determinação da concentração;

- seleção de uma solução de comparação: para uma maior precisão, a absorvância da solução de comparação deve ser muito semelhante à da solução de ensaio;

- garantir que o método de preparação das suspensões das soluções padrão e de ensaio é o mesmo.

O dispositivo utilizado para a medição é conhecido como nefelómetro ou fotocolorímetro. Para calcular as concentrações na determinação da absorvância, pode-se utilizar métodos como um gráfico de calibração, o método da adição padrão e o valor conhecido do coeficiente de turbidez molar da solução (K'), que é determinado experimentalmente usando uma solução padrão [144]:

$$K' = \frac{D}{C_{st} l_{st}} \; ; (2.9)$$

A concentração de sulfuretos ou selenetos pouco solúveis na suspensão em estudo foi calculada de acordo com a seguinte equação

$$C = \frac{D}{K' l} \; ; (2.10)$$

O estudo da variação da turbidez da suspensão em função do tempo permitiu construir curvas cinéticas, das quais a Fig. 2.5 apresenta um exemplo.

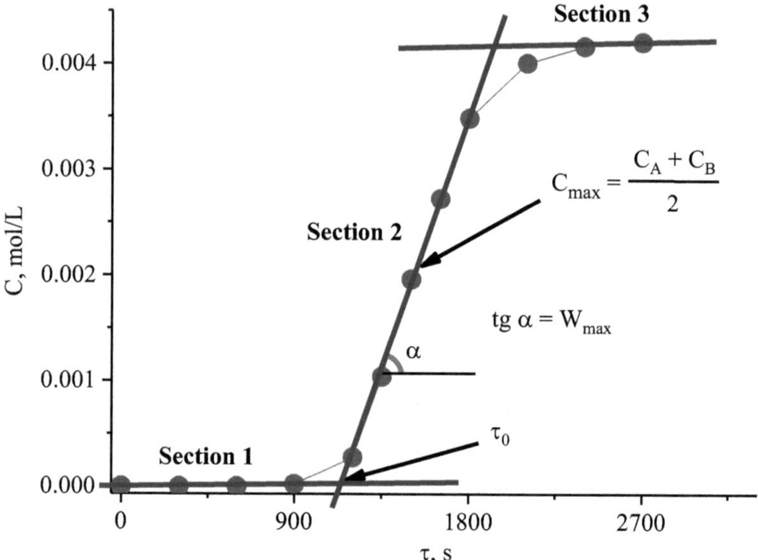

Fig. 2.5. Um exemplo de uma curva cinética e do seu processamento

A curva cinética pode ser dividida em três secções:

- A área do período de indução (τ_0).

- A área de formação do volume da fase sólida.

- A área de abrandamento da reação devido ao esgotamento da solução de trabalho.

Uma vez que a secção 2 é praticamente linear, é caracterizada pela taxa de reação máxima constante (W_{max}). A partir das curvas cinéticas, foram calculados os seguintes parâmetros: a duração do período de indução (τ_0), a velocidade máxima (W_{max}) e a concentração no ponto de velocidade máxima do processo (Cw_{max}), como se mostra na Fig. 2.5. O tratamento dos dados experimentais foi efectuado com recurso a software matemático especializado.

2.6. Microscopia eletrónica de varrimento

A microscopia eletrónica de varrimento (MEV) é um método altamente versátil para estudar e analisar as características microestruturais de objectos sólidos, conhecido pela sua notável resolução de feixe de electrões, permitindo o exame de objectos a granel até aproximadamente 1 nm [145].

O SEM é capaz de obter imagens de alta ampliação, produzir imagens de alta resolução e medir com precisão objectos minúsculos e características de superfície.

No SEM, um feixe de electrões percorre a superfície da amostra, gerando vários sinais após a interação. Estes sinais são registados para obter imagens e fornecer informações sobre a composição elementar da amostra.

Os microscópios electrónicos de varrimento funcionam em diferentes modos, incluindo os modos de electrões secundários, electrões reflectidos e microanálise de raios X.

Os electrões secundários são emitidos pelos átomos que ocupam a camada superior da amostra e geram facilmente uma imagem bidimensional da superfície. O contraste da imagem é determinado pela morfologia da amostra, e a sua elevada resolução é proporcionada pelo pequeno diâmetro do feixe de electrões primários.

Os electrões retrodispersos são o feixe primário de electrões que "ricocheteia" nos átomos de um sólido. O contraste na imagem é determinado pelo número atómico dos elementos na amostra. Assim, a imagem mostrará a distribuição de diferentes fases químicas na amostra. Uma vez que estes electrões são emitidos do interior da amostra, a qualidade da imagem não é tão boa como no caso dos electrões secundários.

A interação do feixe inicial com os átomos da amostra provoca transições nas camadas dos átomos, que levam à emissão de raios X. Os raios X emitidos contêm as características energéticas dos elementos. O espetro de dispersão de energia dos raios X medido permite-nos analisar a composição elementar da superfície da amostra (microanálise) [133, 146]. Isto garante uma análise qualitativa e quantitativa rápida da composição elementar de amostras com uma profundidade de 1-2 microns. Os raios X também podem ser utilizados para gerar um mapa ou linhas de perfil, mostrando a distribuição elementar na superfície da amostra.

Normalmente, o SEM funciona em alto vácuo para produzir um feixe de electrões de alta energia, necessário para a obtenção de imagens e análise de superfícies [134]. Ao analisar amostras não condutoras ou semicondutoras, a sua superfície é coberta com uma fina camada de carbono, cobre, ouro ou outro elemento condutor [145]. Uma boa condutividade eléctrica garante a formação de uma imagem de superfície de alta qualidade.

A formação de imagens depende da recolha de vários sinais que são dispersos devido à elevada energia do feixe que interage com a amostra.

Os electrões retrodifundidos e os electrões secundários são gerados dentro do feixe primário do volume interativo e são os dois principais sinais utilizados para a formação de imagens. O coeficiente dos electrões retrodifundidos (η) aumenta com o número de elementos, enquanto o coeficiente dos electrões secundários (δ) é relativamente insensível a este facto. Esta diferença fundamental entre os dois sinais tem um impacto significativo na forma como as amostras são analisadas.

2.7. Microscopia de força atómica

A principal desvantagem da microscopia de varrimento é a capacidade de examinar apenas amostras condutoras. A microscopia de força atómica (AFM) permite examinar tanto amostras condutoras como não condutoras. A principal diferença entre a MEV e a AFM é que a primeira mede a corrente de tunelamento entre a sonda e a superfície, enquanto a segunda mede a força de interação entre elas [133].

O princípio de funcionamento da AFM baseia-se na utilização de forças de ligação atómica que actuam entre os átomos de uma substância. Na AFM, esses corpos são a superfície a ser investigada e a ponta da sonda que desliza sobre ela. Ao aproximar-se da amostra, a sonda é atraída para a superfície devido à presença de forças de Van der Waals, que são causadas pela capacidade dos átomos neutros de se polarizarem sob a influência de um campo elétrico. Estas forças também podem ser causadas por interação eletrostática. Com uma maior diminuição da distância R entre a sonda e a superfície (Fig. 2.6) da amostra, surgem forças repulsivas devido à interação das camadas de electrões dos átomos mais próximos e, com a subsequente aproximação dos átomos, as forças repulsivas de Coulomb dos núcleos atómicos.

O valor da força F registada pelo AFM é determinado pela expressão:

$$F = \frac{C_1}{R^{13}} + \frac{C_2}{R^7} \tag{2.11}$$

em que: C_1, C_2 - constantes. O primeiro termo da equação corresponde a forças repulsivas de curto alcance, e o segundo a forças atractivas de longo alcance.

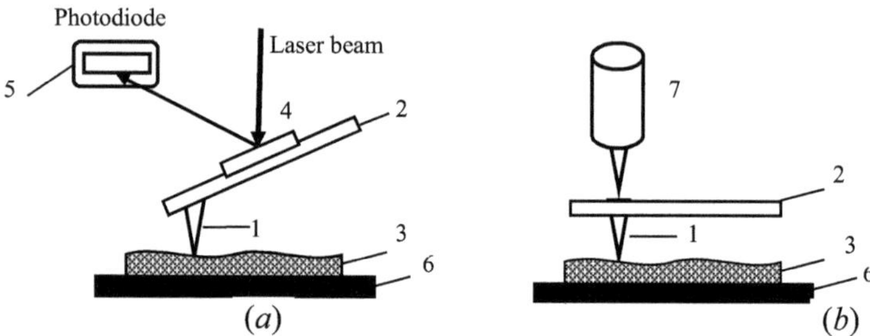

Fig. 2.6. Esquema do microscópio de força atómica. Sistemas de registo do movimento da sonda: ótico (*a*) e com sonda de túnel (*b*): 1 - sonda, 2 - suporte de montagem, 3 - superfície de estudo, 4 - espelho, 5 - fotodíodo, 6 - motor piezoelétrico, 7 - sonda de túnel

Na microscopia de força atómica, as forças de interação interatómica no espaço entre a sonda e o substrato são medidas para análise da superfície. Para detetar estas forças, uma sonda afiada é ligada a um cantilever elástico, como ilustrado na Fig. 2.7.

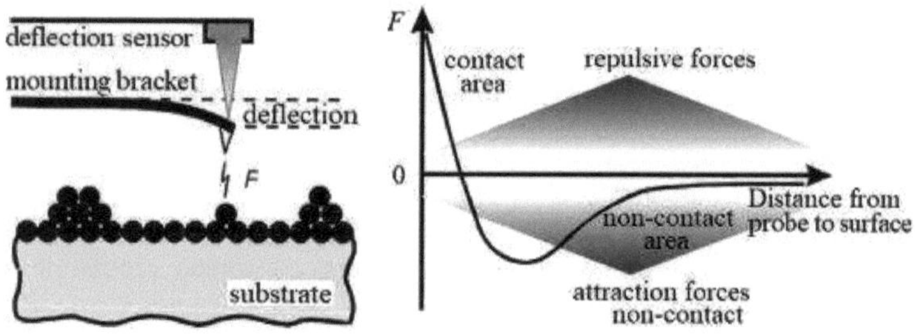

(a)   (b)

Fig. 2.7. Posição relativa da sonda e do substrato (*a*) e o efeito observado no microscópio de força atómica (*b*)

A deflexão do cantilever é diretamente proporcional à força que actua sobre ele. Esta deflexão pode ser registada com precisão utilizando métodos ópticos ou electrónicos. À medida que a sonda percorre a superfície a analisar, o sinal derivado da deflexão do cantilever oferece informações valiosas sobre a distribuição das forças atómicas e moleculares na superfície da amostra, fornecendo informações sobre a localização e a natureza dos átomos da superfície.

A AFM não é sensível às propriedades electrónicas do substrato, o que a torna adequada para analisar as superfícies de materiais condutores e dieléctricos [139].

A AFM é normalmente realizada em modo de contacto, em que a sonda entra em contacto direto com a superfície analisada. Nesta configuração, um elemento de posicionamento piezoelétrico exerce uma força repulsiva sobre a sonda a um nível de aproximadamente 10^{-9} N. O modo sem contacto, com uma margem de erro entre 5-15 nm, é preferido quando existe o risco de a sonda danificar a superfície [147].

2.8. Medições elipsométricas

Na elipsometria, a medida principal envolve a razão dos coeficientes de reflexão complexos para raios *polarizados em p* e *s* da superfície da amostra. Isto distingue a elipsometria da reflectometria, em que a medição se centra na razão entre a intensidade do feixe refletido e a do feixe incidente. Este princípio fundamental está incorporado na equação de base da elipsometria:

61

$$tg\Psi e^{i\Delta} = \frac{R^P}{R^S} \qquad (2.12)$$

onde: os coeficientes de reflexão complexa total para ondas *p-* e *s-polarizadas* são representados por R^P e R^S, respetivamente. O parâmetro ψ corresponde à razão R^P/R^S, enquanto Δ - a mudança de fase nas ondas *p-* e *s* é devida à reflexão. Estes parâmetros elipsométricos, ψ e Δ, são normalmente designados por ângulos elipsométricos, que são medidos através de dispositivos especializados conhecidos por elipsómetros.

Os elipsómetros são constituídos por componentes essenciais, tais como uma fonte de luz, um polarizador para determinar a polarização da luz incidente, um analisador para medir o estado de polarização da luz refletida e um detetor. Estes componentes podem ser configurados em vários modos, incluindo zero, analisador de rotação e modulação de polarização [148]. Os dados obtidos nas medições de elipsometria, nomeadamente ψ e delta, são cruciais para o posterior cálculo da espessura e das constantes ópticas através de modelos ópticos. É importante notar que a determinação destes valores requer uma compreensão clara das propriedades de polarização da luz incidente e refletida.

As medições elipsométricas podem ser efectuadas com base em vários parâmetros, como o comprimento de onda (espectroscópicas), o ângulo de incidência (monocromáticas/espectroscópicas de ângulo variável) e o tempo (em tempo real/dinâmicas, monocromáticas/espectroscópicas), consoante os requisitos específicos.

Uma análise elipsométrica típica de película fina envolve os seguintes passos:

1. Medição dos parâmetros elipsométricos ψ e Δ.

2. Modelação ótica para descrever matematicamente as propriedades ópticas da amostra.

3. Geração de dados utilizando o modelo ótico.

4. Ajuste dos dados gerados pelo modelo para minimizar os erros.

Para um revestimento de camada única, os coeficientes de reflexão da luz *polarizada em p* e em *s* são os seguintes

$$r_p = \frac{r_{01p} + r_{12p}\,\exp(-2j\delta)}{1 + r_{01p}r_{12p}\,\exp(-2j\delta)} \tag{2.13}$$

$$r_s = \frac{r_{01s} + r_{12s}\,\exp(-2j\delta)}{1 + r_{01s}r_{12s}\,\exp(-2j\delta)} \tag{2.14}$$

em que: r_{01s} e r_{01p} representam os coeficientes de reflexão de Fresnel na interface entre o meio externo e a película; r_{12s} e r_{12p} são os coeficientes de reflexão na interface entre a película e o substrato;

$$\delta = (2\pi N_1 d / \lambda)\cos\varphi_1 \tag{2.15}$$

onde: λ - comprimento de onda; d - espessura da película [148-151].

2.9. Medições profilométricas

A perfilometria é o processo de medição do perfil transversal de uma superfície num plano perpendicular à mesma e orientado numa direção específica. Uma representação gráfica do perfil medido é conhecida como um perfilograma, que pode ser registado por dispositivos de contacto ou sem contacto chamados profilómetros ou profilógrafos.

A informação obtida a partir dos profilogramas é utilizada para calcular parâmetros padrão, permitindo avaliações qualitativas e quantitativas da rugosidade da superfície do material investigado. Quando vários profilogramas são capturados em intervalos específicos e traçados num sistema de coordenadas tridimensional, fornecem coletivamente uma imagem abrangente da topografia da superfície.

Nos dispositivos de contacto, o perfil é reproduzido através do movimento de uma agulha sobre a superfície a examinar. As deflexões verticais da agulha são convertidas num sinal elétrico, que é depois registado por um software com um nível de amplificação específico. Estes aparelhos permitem uma análise rápida e precisa da distribuição da espessura e dos perfis de superfície. No entanto, são mais adequados para examinar superfícies com elevada dureza, uma vez que a agulha pode não penetrar profundamente em materiais mais macios. Além disso, as áreas estreitas e os riscos profundos podem ser difíceis de detetar devido ao tamanho relativamente grande da ponta da agulha.

Os dispositivos sem contacto incluem microscópios ópticos e electrónicos de varrimento, bem como sistemas que utilizam radiação monocromática, incluindo laser, para o varrimento de superfícies [152].

2.10. Método gravimétrico de medição da espessura da película

Este método baseia-se na medição direta da massa da película depositada no substrato em relação à massa do substrato medida antes da deposição. Conhecendo a massa do substrato limpo (m_1) e a massa do substrato com a película depositada (m_2), a espessura da película (d) é calculada através da seguinte fórmula

$$d = \frac{m_2 - m_1}{S\rho}\ ; (2.16)$$

onde: S - área do substrato, ρ - densidade do material da película.

Se o substrato for um quadrado de lado 'a' e a película for depositada em ambos os seus lados, então a Equação (2.16), que descreve a relação entre a espessura da película e as características do substrato, terá a seguinte forma:

$$d = \frac{m_2 - m_1}{2a^2\rho}\ ; (2.17)$$

Este método de medição da espessura pressupõe que a película é depositada uniformemente em toda a área do substrato e que a densidade do material da película corresponde à densidade do material a granel. Estas suposições nem sempre são exactas, uma vez que garantir uma deposição uniforme pode ser um desafio, e a densidade do material da película é frequentemente um pouco inferior à do material a granel devido à presença de vazios formados durante o crescimento da película. Em alguns casos, quando a massa da película é extremamente pequena, o erro introduzido pela sua medição com uma balança eletrónica convencional pode ser significativo.

No entanto, este método produz resultados fiáveis para películas com uma espessura superior a 0,1 µm [153]. Para películas com espessuras mais pequenas, podem ser obtidos resultados reprodutíveis aumentando a área de revestimento.

2.11. Método de voltametria de decapagem anódica para a determinação do teor de metais nas películas

Neste estudo, utilizámos o método de voltametria de inversão para determinar o teor de iões de cádmio. Este método baseia-se na correlação entre a corrente que passa através da célula do analisador e a fração mássica do elemento na solução analisada. Está funcionalmente relacionado com a forma e os parâmetros da tensão de polarização aplicada aos eléctrodos [154-159].

A relação entre a corrente eléctrica e a tensão aplicada, descrita na Equação (2.18), é normalmente designada por curva polarográfica ou voltamétrica, também conhecida por polarograma ou curva voltamétrica:

$$I = f(E) \tag{2.18}$$

De acordo com a IUPAC (União Internacional de Química Pura e Aplicada), o termo "polarografia" é utilizado quando o elétrodo de trabalho é constituído por mercúrio líquido (Hg) e a superfície deste elétrodo é renovada contínua ou periodicamente pela formação de uma nova gota de mercúrio, enquanto a solução não é agitada. Por outro lado, o termo "voltametria" é utilizado quando o elétrodo de trabalho é um elétrodo estacionário, como um elétrodo sólido ou um elétrodo estacionário de mercúrio.

O termo "voltametria de inversão" deriva do facto de o voltamograma, que serve de sinal analítico neste método, ser obtido durante a dissolução de uma substância do elétrodo de trabalho. Este processo é inverso ao processo de acumulação utilizado na polarografia. A figura 2.8 apresenta um diagrama esquemático de um analisador voltamétrico.

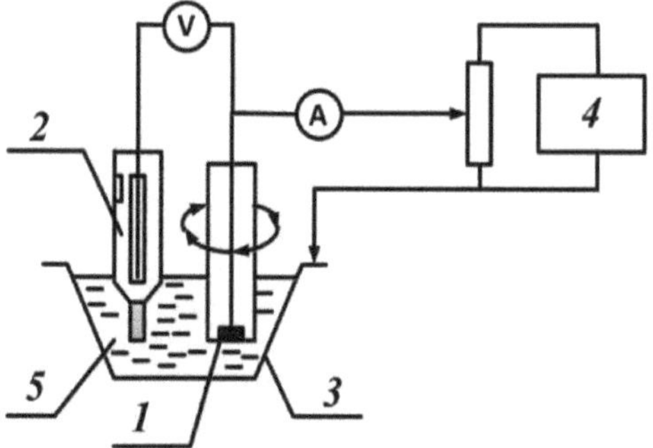

Fig. 2.8. Diagrama esquemático de um analisador voltamétrico: 1. elétrodo de trabalho: microelectrodo rotativo de vidro-carbono; 2. elétrodo de referência: elétrodo de cloro e prata; 3. elétrodo auxiliar: cadinho de carbono e silício com uma grande superfície; 4. fonte de alimentação; 5. solução de ensaio: contém metais pesados num eletrólito de fundo.

O princípio fundamental do método de voltametria de decapagem anódica envolve a acumulação electrolítica inicial da substância analisada

66

a partir de uma solução salina altamente diluída no elétrodo, a um valor de potencial constante, seguida da sua subsequente dissolução eletroquímica a um potencial cada vez menor (ver Figura 2.9). A agitação é utilizada durante o processo de eletrólise.

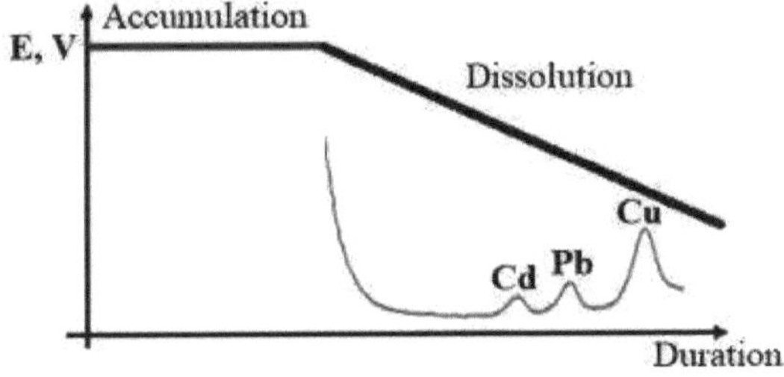

Fig. 2.9. Diagrama que ilustra o processo de determinação voltamétrica por decapagem anódica de iões de metais pesados

Após um certo período, a agitação cessa e a solução assenta. Durante esta fase, o fluxo da substância para o elétrodo diminui, fazendo com que a corrente eléctrica diminua rapidamente para a corrente de difusão em estado estacionário. Após esta fase de quiescência, a substância extraída dissolve-se e a curva voltamétrica é registada.

O processo de dissolução da substância do elétrodo de trabalho na voltametria de decapagem anódica é iniciado pela alteração do potencial do elétrodo de trabalho, normalmente numa varredura de potencial ao longo do tempo a uma taxa constante [160].

Durante a eletrólise, a substância de interesse é transferida de um grande volume de solução para um volume relativamente pequeno da película de mercúrio no elétrodo. Isto leva a um aumento significativo da sua concentração na superfície do elétrodo, frequentemente em várias ordens de grandeza em comparação com a solução. Como resultado, ocorre concentração, causando uma elevação na corrente de oxidação do ânodo em relação à corrente de eletrólise.

A sensibilidade do método de voltametria de inversão situa-se normalmente no intervalo de 10^{-8} a 10^{-10} M [161-166]. Ao estudar a relação entre a corrente e o potencial do elétrodo, que varia linearmente ao longo do tempo, a curva voltamétrica resultante apresenta um pico distinto (ver Figura 2.10). A posição deste pico caracteriza a substância em questão, enquanto a sua altura é diretamente proporcional à concentração da substância na solução. A análise qualitativa envolve a identificação de picos elementares através da determinação do potencial de pico (E_p) na curva voltamétrica e da sua comparação com valores de referência.

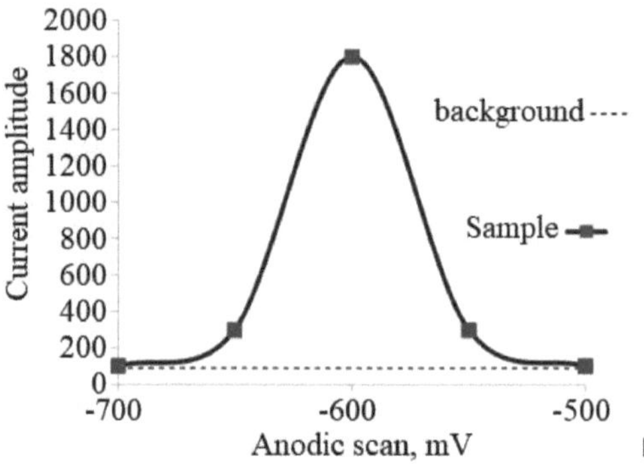

Fig. 2.10. Imagem do pico na curva voltamétrica durante o processo de varrimento anódico

A altura (ou área) do pico de dissolução é influenciada por:

a) a quantidade de substância depositada no elétrodo, que é determinada pela sua concentração na solução;

b) potencial de acumulação e duração;

c) a velocidade a que a substância flui do volume da solução para o elétrodo (velocidade de rotação do elétrodo);

d) composição da solução, temperatura e propriedades do sistema eletroquímico;

e) a superfície ativa do elétrodo;

f) a taxa de expansão potencial [167-171].

A análise quantitativa é efectuada através do método da adição. A concentração de uma substância é determinada medindo a altura do pico de corrente (I_p) ou a área do pico (S_p). A área é delimitada pelo contorno do pico e pelas rectas tangentes aos mínimos do voltamograma, situados à esquerda e à direita do pico (ver figura 2.11).

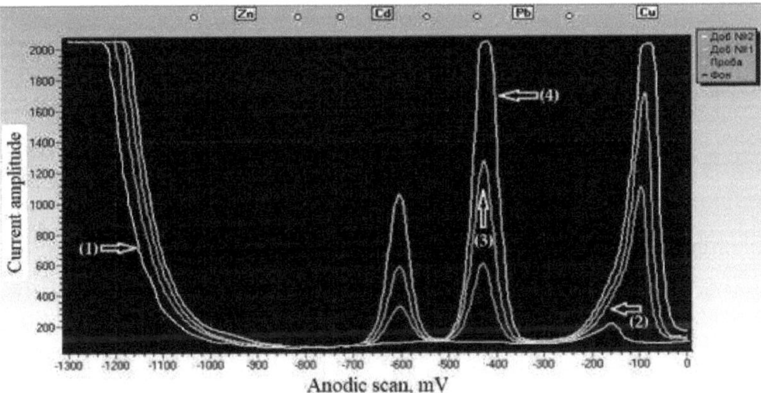

Fig. 2.11. Curva voltamétrica de uma solução contendo iões Cd^{2+}, Pb^{2+}, Cu^{2+}

(1 - fundo; 2 - amostra; 3 - 1st aditivo; 4 - 2nd aditivo)

O cálculo do aumento da concentração do elemento de interesse pode ser efectuado utilizando a fórmula simplificada (2.19), que não tem em conta o aumento de volume da solução no eletrolisador. Isto deve-se ao facto de o volume do aditivo ser significativamente menor do que o volume da amostra:

$$\Delta C_i \approx \frac{C_{\text{Additive}} \cdot \sum V_{\text{Additive}}}{V_X} \tag{2.19}$$

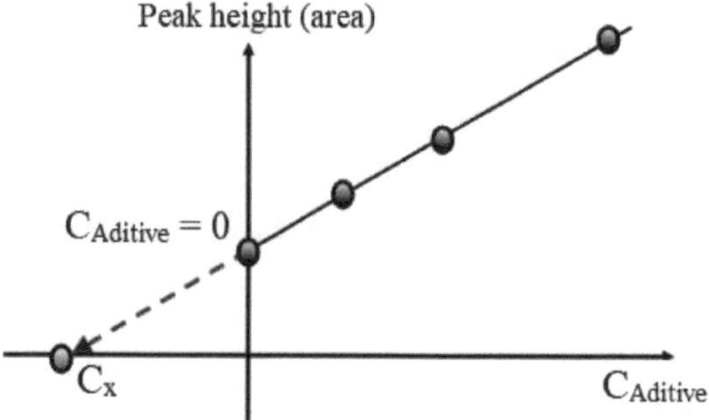

Fig. 2.12. Curva de calibração para a quantificação do teor de iões na solução analisada

Utilizando os dados obtidos, cria-se um gráfico de calibração (ver Figura 2.12) utilizando o método aditivo para a substância em estudo. Este gráfico utiliza os valores para o aumento da concentração e o parâmetro quantitativo correspondente do pico (h para a altura do pico ou S para a área do pico). No caso da solução de ensaio sem aditivos, o parâmetro quantitativo do pico é denotado como C_{Additive} igual a 0 mg/dm^3.

O teor de iões metálicos na amostra líquida é calculado do seguinte modo

$$C_x = \frac{h \cdot C_{\text{Additive}} \cdot V_{\text{Additive}} \cdot V_0}{(H - h) \cdot \left(V_0 + \sum V_{\text{Additive}}\right) \cdot V_{\text{product}}} \tag{2.20}$$

em que: C_x - a concentração de iões metálicos na amostra de produto líquido (mg/dm^3); h - a diferença da altura do pico do metal da solução original antes da adição da solução padrão e a altura do pico do metal na solução de controlo (mm); H - a altura do pico do metal da solução original após a adição da solução padrão (mm); C_{Additivo} - a concentração da solução padrão adicionada (mg/dm^3); V_{Aditivo} - o volume da solução padrão adicionada do elemento a determinar (cm^3); $\sum V_{Aditivo}$ - o volume total de todas as soluções padrão adicionadas de todos os metais no momento da determinação do elemento a determinar (cm^3); V_0 é o volume inicial da amostra mineralizada na célula electrolítica (cm^3); $V_{produto}$ é o volume inicial do produto líquido analisado tomado para análise (cm^3).

O estudo foi efectuado com o analisador AKV-07 MK, concebido para medir as quantidades relativas ou absolutas dos componentes medidos em unidades de concentração ou de massa. O método de determinação é descrito em pormenor em [171].

2.12. Simulação de reacções por métodos de química quântica

Os métodos semi-empíricos em química quântica permitem modelizar reacções moleculares e substâncias utilizando a computação quântica [172]. Diferem dos métodos não empíricos (Ab initio) pela introdução de simplificações que reduzem significativamente a complexidade computacional. As principais simplificações incluem:

- simplificação de valência, que agiliza os cálculos de electrões para camadas preenchidas internamente;

- Avaliação aproximada de vários integrais moleculares que resultam da resolução das equações exactas do método químico quântico utilizado nos cálculos semi-empíricos. Estes integrais são substituídos por valores numéricos predefinidos, dependentes do tipo de átomos correspondentes e, em alguns casos, de certos parâmetros geométricos.

Uma vantagem significativa dos métodos semi-empíricos sobre os não empíricos é a sua capacidade de simplificar os cálculos e compensar parcialmente certas limitações inerentes aos modelos teóricos não empíricos. Como resultado, um método semi-empírico muito mais simples pode frequentemente fornecer estimativas mais exactas da geometria e de outras propriedades das moléculas, em comparação com o método Hartree-Fock totalmente implementado.

A principal desvantagem dos métodos semi-empíricos reside na falta de controlo sobre as simplificações utilizadas. Isto faz com que seja difícil prever, em geral, a adequação de um método específico para modelizar uma molécula ou reação específica. Métodos semi-empíricos notáveis incluem CNDO, INDO, NDDO, MINDO, MNDO, AM1, PM3, PM6, PM7, RM1, SAM1, ZINDO, SINDO e outros.

É importante considerar a especificidade dos diferentes métodos e os tipos de resultados que produzem. Tipicamente, um método pode ser excelente na reprodução dos parâmetros geométricos de uma molécula, outro na determinação do calor padrão de formação de um composto e ainda outro na previsão de propriedades como o potencial de ionização e os espectros de UV.

Os métodos semi-empíricos mais relevantes atualmente utilizados são o PM6 e o PM7 [173-175]. Estes métodos apresentam erros absolutos médios [176, 177] para várias grandezas, como o calor de formação padrão (30-40 kJ/mol), o comprimento de ligação (0,0091 nm), o ângulo de valência (7,86°), o momento de dipolo (0,85 dB) e o potencial de ionização (0,5 eV). Vale a pena notar que os métodos semi-empíricos tendem a ter valores de erro relativamente grandes. No entanto, esses erros são notavelmente menores para substâncias compostas por elementos do primeiro e segundo períodos, que são os elementos mais comuns [176, 177].

No estudo das etapas intermediárias e dos parâmetros geométricos das moléculas na síntese dos filmes de HgS e HgSe, foram empregados o método PM6 e o pacote de software MOPAC 2012 [178].

CAPÍTULO 3:
SOLUÇÕES E ESTRUTURAS SÓLIDAS BASEADAS EM PELÍCULAS FINAS DE METAIS DO SUBGRUPO DO ZINCO

3.1. Deposição química e propriedades das películas à base de solução sólida de $Cd\,Zn\,S_{x1-x}$

Para sintetizar filmes baseados numa solução sólida de substituição de $Cd\,Zn_{x1-x}\,S$, foi utilizada uma solução base para a síntese de filmes de ZnS, usando citrato trissódico como agente complexante [179]. A esta solução foi adicionado sulfato de cádmio, sendo a quantidade de $CdSO_4$ 20 vezes menor que a quantidade de cloreto de zinco. O processo de deposição teve a duração de 60 min. Esta abordagem permitiu a presença de iões Zn^{2+} e Cd^{2+} na solução de trabalho, facilitando a deposição do filme $Cd\,Zn_{x1-x}\,S$. Quando a concentração do sal de cádmio foi aumentada, resultou na deposição sequencial de camadas de CdS e ZnS (manifestada por duas características de absorção distintas nos espectros ópticos dessas amostras). Para durações de deposição superiores a 60 min, observou-se fissuração da superfície da película durante a fase de enxaguamento com uma corrente de água destilada.

Com base nos resultados da análise de fase de raios X das amostras de película de $Cd\,Zn_{x1-x}\,S$ (Fig. 3.1), foi determinado que a película formada constitui uma solução sólida de $Cd\,Zn_{x1-x}\,S$ e adopta a modificação cúbica de ZnS (ST ZnS). Além disso, o difractograma revela uma presença significativa de um componente amorfo.

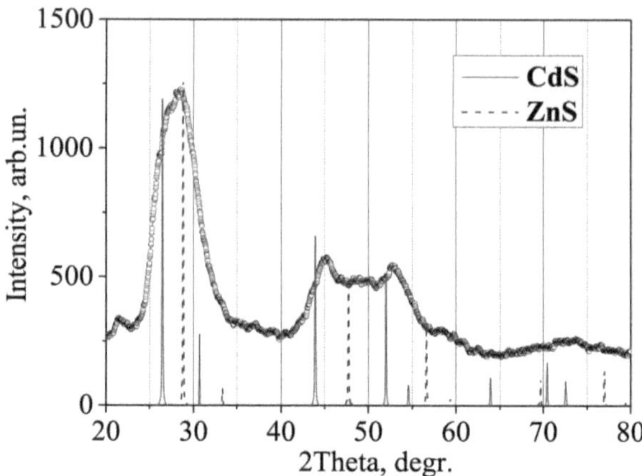

Fig. 3.1. O perfil experimental do difractograma da película de
Cd Zn$_{x1-x}$ S em comparação com as linhas teóricas do difractograma
de ZnS e CdS.

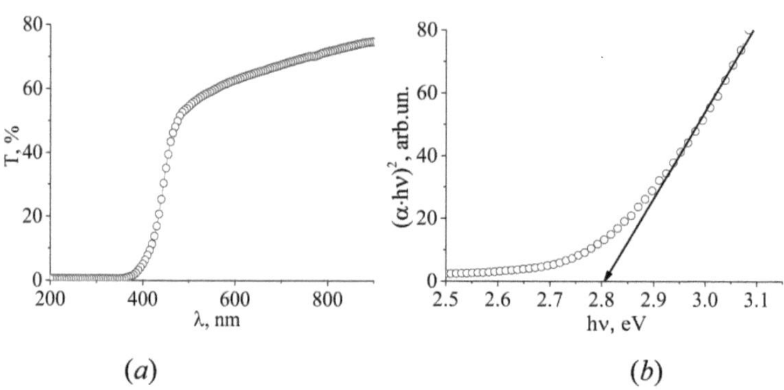

Fig. 3.2. Espectro de transmitância ótica (*a*) e de absorção (*b*) da
película de
Cd Zn$_{x1-x}$ S filme

O espetro de transmitância ótica $T(\lambda)$ da película de Cd Zn$_{x1-x}$ S para
comprimentos de onda de 200 a 1100 nm foi examinado (Fig. 3.2 *a*). A
alteração da transmitância da película de Cd Zn$_{x1-x}$ S apresenta um carácter

intermédio entre ZnS e CdS, o que é típico de uma solução sólida. Observase um aumento da transmissão da luz a partir de 400 nm. Analisando o espetro de absorção (Fig. 3.2 *b*) nas coordenadas $(\alpha\text{-}hv)^2$ - *hv*, os segmentos lineares das curvas $(\alpha\text{-}hv)^2$ foram extrapolados para o ponto em que intersectam o eixo de energia, permitindo a determinação do band gap ótico dos filmes, que se situa aproximadamente em 2,81 eV.

O exame da morfologia da superfície da película de $Cd\,Zn_{x1-x}\,S$ (Fig. 3.3) revela que esta é contínua e lisa, com um número limitado de defeitos superficiais, cobrindo completamente o substrato. Os resultados da microanálise (Tabela 3.1) indicam que o filme é composto por uma mistura quase igual de átomos de zinco e cádmio, juntamente com átomos de enxofre, consistente com as características de uma solução sólida.

Quadro 3.1

Resultados da microanálise da morfologia da superfície da película de $Cd\,Zn\,S_{x1-x}$

Superfície	Componente	% em peso	Em %.
$Cd\,Zn\,S_{x1-x}$	Cd	60.62	35.35
	Zn	15.20	15.24
	S	24.18	49.43

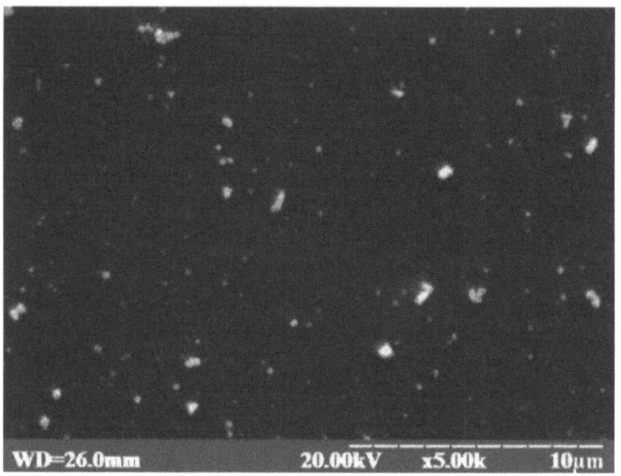

Fig. 3.3. Morfologia da superfície da película de Cd Zn S $_{x1-x}$

3.2. Deposição química e propriedades das películas à base de solução sólida de ZnS$_x$ Se $_{1-x}$

Para os filmes depositados quimicamente (CD) a partir de uma solução sólida de ZnS$_x$ Se$_{1-x}$, foi utilizada como base a composição da solução de trabalho para a síntese de filmes de ZnSe, com a adição de uma quantidade equimolar de tioureia [180]. Esta adição gerou iões de enxofre durante o processo de deposição, garantindo a presença de iões S^{2-} e Se^{2-} na solução de trabalho. Isto permitiu a síntese de um filme constituído por uma solução sólida de ZnS$_x$ Se$_{1-x}$.

A análise da fase de raios X da amostra de filme ZnS$_x$ Se$_{1-x}$ (Fig. 3.4) confirmou a presença de uma solução sólida de ZnS$_x$ Se$_{1-x}$ na modificação cúbica (ST ZnS). Os picos de difração desta fase estão situados entre as linhas dos difractogramas calculados teoricamente dos compostos de sulfureto de zinco e seleneto de zinco. O parâmetro de célula unitária da fase ZnS$_x$ Se$_{1-x}$ é $a = 0,55774(4)$ nm, representando um valor intermédio entre os parâmetros de célula unitária dos compostos ZnSe e ZnS, caraterístico de uma solução sólida.

Os espectros de transmitância ótica $T(\lambda)$ das películas de ZnS$_x$ Se$_{1-x}$ foram examinados na gama de comprimentos de onda de 200 a 1100 nm (Fig. 3.5 *a*). As características de transmitância das películas de ZnS$_x$ Se$_{1-x}$ diferem um pouco das das películas de ZnSe puro. No caso das películas de ZnS$_x$ Se$_{1-x}$, o aumento da transmissão da luz ocorre em comprimentos de onda ligeiramente mais curtos do que o observado nas películas de ZnSe puro. Na fase inicial da deposição de películas de ZnS$_x$ Se$_{1-x}$ ($\tau = 10$ min), há um salto notável na transmissão de luz de 0 a 5 %, o que sugere a formação predominante de núcleos de ZnS e uma maior concentração de átomos de enxofre em comparação com o selénio na estrutura da película de solução sólida. À medida que a deposição progride ($\tau = 20\text{-}40$ min), o salto na transmissão de luz desloca-se para o ZnSe, indicando um aumento no número de átomos de selénio na película de ZnS$_x$ Se$_{1-x}$.

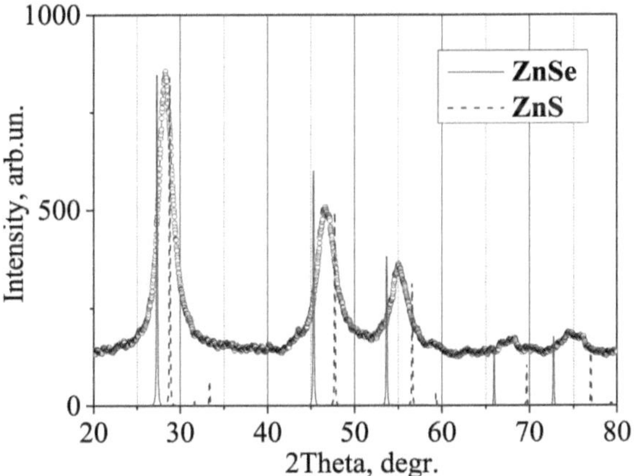

Fig. 3.4. O perfil experimental do difractograma da película de ZnS$_x$ Se$_{1-x}$ em comparação com as linhas teóricas do difractograma de ZnS e ZnSe

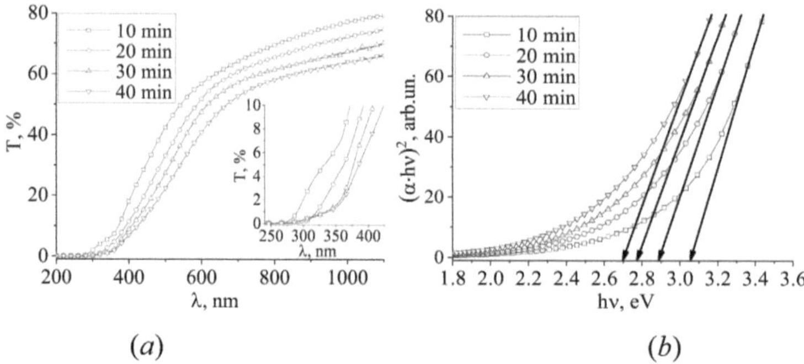

Fig. 3.5. Espectros de transmitância ótica (a) e de absorção (b) das películas de $ZnS_x\,Se_{1-x}$ obtidas com diferentes durações de deposição

As dependências espectrais de absorção (Fig. 3.5 b) para as películas de ZnSe e $ZnS_x\,Se_{1-x}$ nas coordenadas $(\alpha\text{-}hv)^2 - hv$ apresentam bordos de absorção fundamentais. Extrapolando as porções lineares das curvas $(\alpha\text{-}hv)^2$ para a intersecção com o eixo de energia, foi determinado o intervalo de banda ótica das películas. O intervalo de banda ótica para as películas de ZnSe situou-se entre 2,58 e 2,63 eV, enquanto para as películas de $ZnS_x\,Se_{1-x}$ variou entre 2,70 e 3,06 eV. Estes valores são consistentes com os dados da literatura para películas de seleneto de zinco e soluções sólidas de $ZnS_x\,Se_{1-x}$ depositadas por métodos químicos [181].

A análise da morfologia da superfície dos filmes de $ZnS_x\,Se_{1-x}$ (Fig. 3.6) revela que estes apresentam uma cobertura uniforme e completa da superfície do substrato. Nas superfícies dos filmes de $ZnS_x\,Se_{1-x}$, é evidente a formação de partículas esféricas. Após um tempo de deposição de 10 minutos, o filme de ZnSe apresenta-se liso e densamente compactado com pequenas partículas esféricas. À medida que o tempo de deposição aumenta para 40 minutos, verifica-se um maior crescimento de partículas maiores na superfície da película de $ZnS_x Se_{1-x}$, resultando num aumento da rugosidade da superfície. A morfologia da superfície das películas de $ZnS_x Se_{1-x}$ assemelha-se muito à das películas de ZnS e ZnSe, o que é expetável quando se utiliza o mesmo agente complexante, NaOH.

Quadro 3.2

Resultados da microanálise da morfologia superficial das películas de $ZnS_x Se_{1-x}$ e ZnS

Superfície	Duração da deposição, min	Componente	% em peso	Em %.
$ZnS_x Se_{1-x}$	10	Zn	54.53	46.61
		S	20.58	35.80
		Se	24.88	17.59
$ZnS_x Se_{1-x}$	20	Zn	52.85	46.23
		S	18.51	33.02
		Se	28.63	20.75
$ZnS_x Se_{1-x}$	30	Zn	51.63	46.52
		S	15.97	29.32
		Se	32.40	24.16
$ZnS_x Se_{1-x}$	40	Zn	51.08	48.19
		S	11.95	22.95
		Se	36.97	28.86

A Tabela 3.2 apresenta os resultados da microanálise de filmes de $ZnS_x Se_{1-x}$. Estas películas são constituídas por cerca de metade de átomos de zinco e metade de uma combinação de átomos de enxofre e selénio, como é típico de uma solução sólida, com um ligeiro excesso de átomos de calcogénio. Aos 10 minutos de deposição, o teor atómico de enxofre é mais elevado do que o de selénio, ao passo que após o processo de deposição ($\tau = 40$ min), o teor atómico de selénio é mais elevado. Estas conclusões corroboram os resultados do estudo ótico.

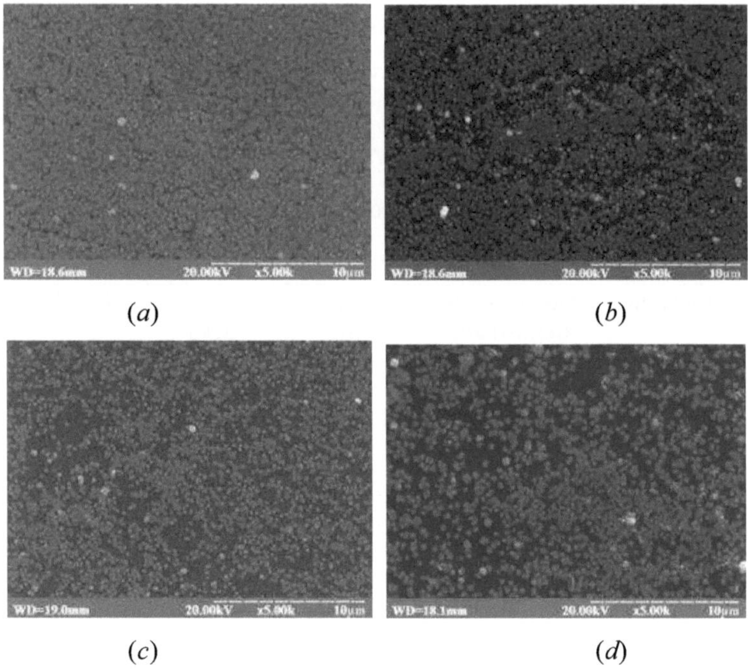

(a)   (b)

(c)   (d)

Fig. 3.6. Morfologia da superfície das películas de $ZnS_x Se_{1-x}$ obtidas em diferentes durações de deposição (*a* - 10 min, *b* - 20 min, *c* - 30 min, *d* - 40 min)

3.3. Estruturas ZnS/CdS

As estruturas ZnS/CdS foram criadas através da deposição de filmes de ZnS utilizando citrato trissódico [179] sobre filmes de CdS sintetizados de acordo com o procedimento descrito em [182]. Estas estruturas, constituídas por uma dupla camada de ZnS/CdS, apresentam uma cor amarela com um aspeto refletor e espelhado. A adesão da estrutura ZnS/CdS ao substrato de vidro, determinada através de testes mecânicos, é robusta e está alinhada com a adesão da camada inferior da estrutura, especificamente a película de CdS ao substrato de vidro.

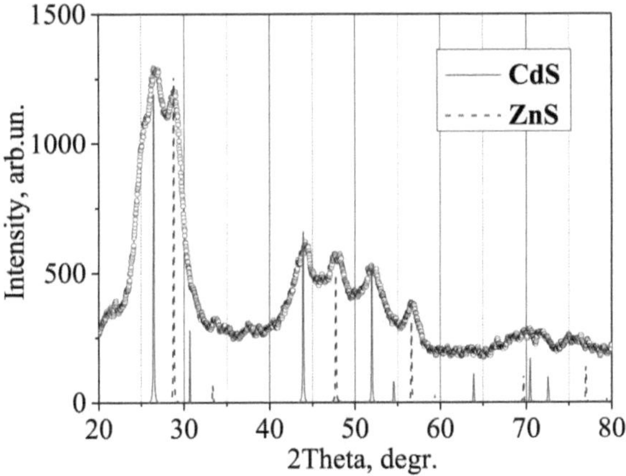

Fig. 3.7. Perfil experimental do difractograma da estrutura do filme ZnS/CdS em comparação com as linhas do difractograma teórico de ZnS e CdS

Ao efetuar uma análise de fase de raios X da estrutura ZnS/CdS (Fig. 3.7), torna-se evidente que se trata de estruturas bifásicas, contendo modificações cúbicas de compostos de ZnS e CdS.

O espetro de transmitância ótica $T(\lambda)$ da estrutura ZnS/CdS (Fig. 3.8) mostra a presença de dois saltos de transmissão de luz nas regiões de 300 nm e 450 nm.

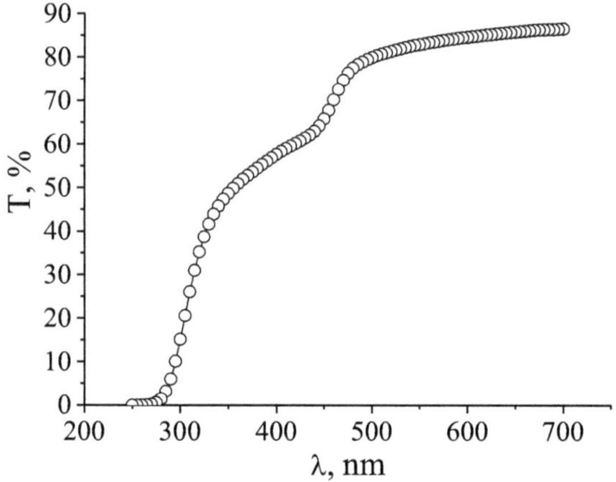

Fig. 3.8. O espetro de transmitância ótica da estrutura do filme
ZnS/CdS

A partir da dependência de absorção de $(\alpha \cdot h\nu)^2$ - $h\nu$ (Fig. 3.9), os band gaps ópticos determinados são de 2,56 eV e 3,68 eV, que são típicos para compostos de ZnS e CdS [84, 179, 183], confirmando os dados obtidos através da análise de fase de raios X.

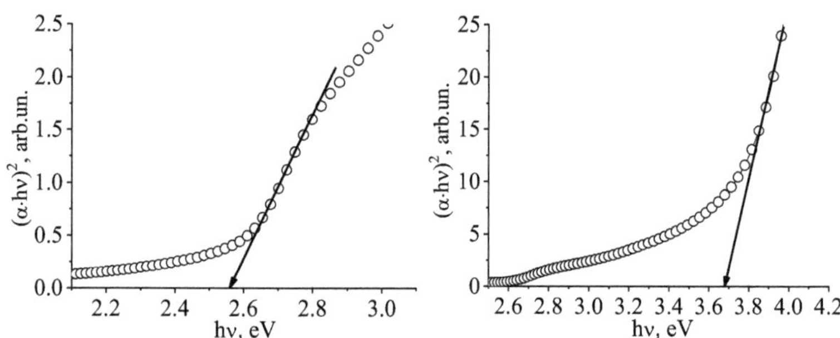

Fig. 3.9. Espectros de absorção ótica da estrutura da película de
ZnS/CdS (diferentes escalas do eixo Y)

O exame da morfologia da superfície das estruturas ZnS/CdS (Fig. 3.10) revela a sua continuidade, cobrindo efetivamente a camada de película subjacente. A presença de cristais de sulfureto de zinco é evidente na superfície da estrutura ZnS/CdS. Os resultados da microanálise (Tabela 3.3) indicam que a estrutura é composta por uma mistura quase igual de átomos de zinco e cádmio e de átomos de enxofre, com um ligeiro excesso de átomos metálicos.

Quadro 3.3

Resultados da microanálise da morfologia da superfície da estrutura da película de ZnS/CdS

Superfície	Componente	% em peso	Em %.
ZnS/CdS	Cd	63.74	38.95
	Zn	15.24	16.02
	S	21.02	45.03

Fig. 3.10 Morfologia da superfície da estrutura do filme de ZnS/CdS

3.4. Estruturas ZnS/HgS

As estruturas ZnS/HgS foram preparadas depositando películas de ZnS sobre películas de HgS utilizando citrato trissódico para as primeiras e seguindo o método descrito em [179] para as segundas.

As películas de ZnS sintetizadas em substratos de vidro são brancas, características dos compostos de ZnS, enquanto as películas de HgS apresentam uma cor castanha, típica do HgS. As estruturas de dupla camada ZnS/HgS têm uma cor castanha com um brilho dourado tipo espelho. A adesão da estrutura ZnS/HgS ao substrato de vidro é fraca, correspondendo à adesão da camada inferior da estrutura ao substrato de vidro.

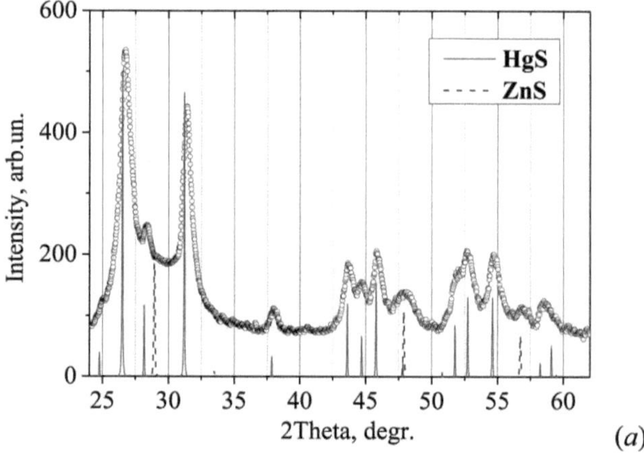

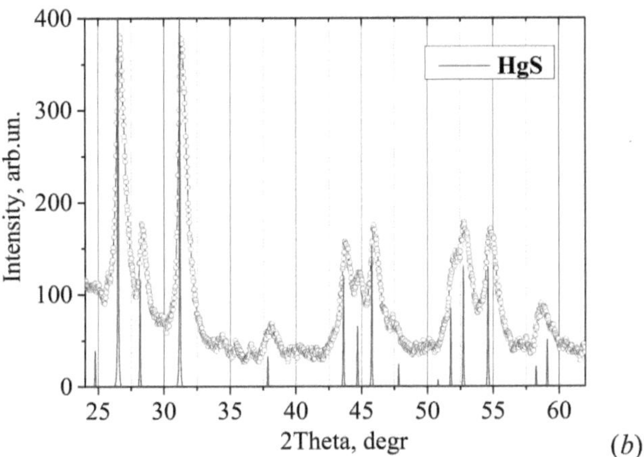

Fig. 3.11. O perfil experimental da estrutura da película de ZnS/HgS (*a*) e o difractograma da película de HgS (*b*) em comparação com as linhas teóricas do difractograma de ZnS e HgS

A análise por difração de raios X da estrutura ZnS/HgS (Fig. 3.11 *a*) revelou que esta é bifásica, consistindo em compostos cúbicos de ZnS e trigonais de HgS. Para comparação, é apresentado um difractograma de uma camada de película de HgS puro (Fig. 3.11 *b*). Não foram detectadas outras fases ou soluções sólidas na estrutura ZnS/HgS.

O espetro de transmissão ótica da luz $T(\lambda)$ da estrutura ZnS/HgS para comprimentos de onda de 200 a 1000 nm foi estudado (Fig. 3.12). Para a estrutura ZnS/HgS, observam-se dois saltos de transmitância de luz nos mesmos comprimentos de onda, indicando uma mistura de fases de sulfureto de zinco e sulfureto de mercúrio e confirmando os dados da análise XRD.

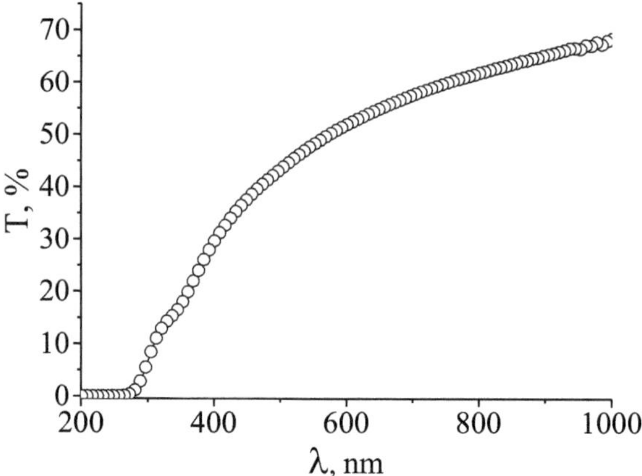

Fig. 3.12. Espectro de transmissão ótica da estrutura da película de
ZnS/HgS

As dependências espectrais de absorção nas coordenadas $(\alpha \cdot h\nu)^2$ - $h\nu$ (Fig. 3.13) revelam a presença de bordas de absorção fundamentais. Extrapolamos as secções lineares das curvas de $(\alpha \cdot h\nu)^2$ para a sua intersecção com o eixo de energia e determinamos as larguras de band gap ótico das fases, que se situam nas regiões de 3,68 eV e 3,00 eV. Esses valores correspondem aos compostos ZnS e HgS, em concordância com achados anteriores [34, 84].

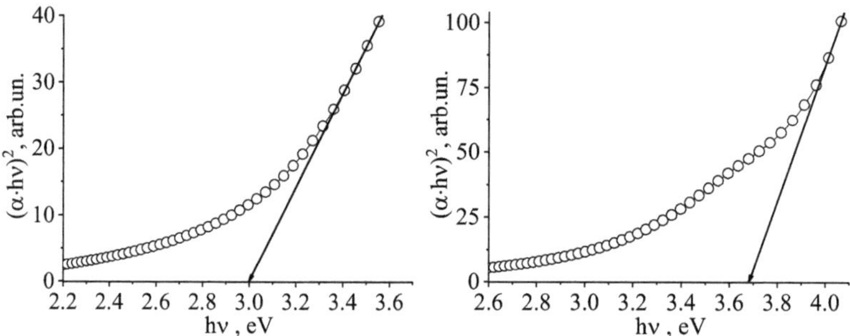

Fig. 3.13. Espectros de absorção ótica da estrutura da película
ZnS/HgS (diferentes escalas do eixo Y)

O exame da morfologia da superfície da estrutura ZnS/HgS (Fig.
3.14) revela que esta é uniforme, contínua e cobre totalmente a camada
de película anterior. Os cristais de sulfureto de zinco são visíveis na
superfície.

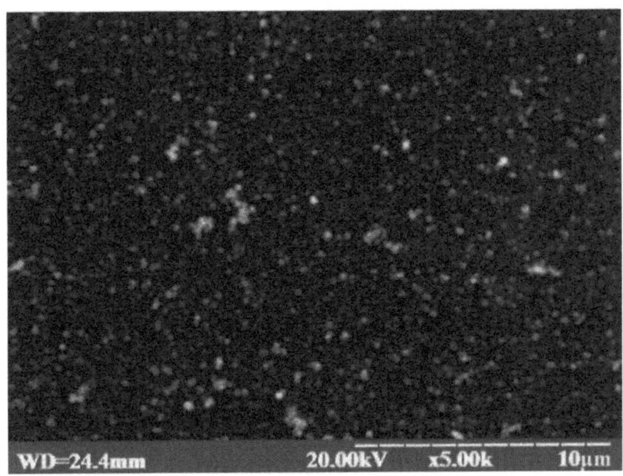

Fig. 3.14. Morfologia da superfície da estrutura da película de
ZnS/HgS

A microanálise da estrutura ZnS/HgS (Tabela 3.4) indica que é
constituída por proporções aproximadamente iguais de átomos de
enxofre e uma combinação de átomos de zinco e mercúrio.

Quadro 3.4

**Resultados da microanálise da morfologia da superfície da
estrutura da película de ZnS/HgS**

Superfície	Componente	% em peso	Em %.
ZnS/HgS	Hg	73.22	35.66

| | | Zn | 11.07 | 16.52 |
| | | S | 15.71 | 47.82 |

3.5. Estruturas ZnS/CuS

A estrutura ZnS/CuS foi fabricada depositando películas de ZnS utilizando citrato trissódico [179] sobre películas de CuS preparadas de acordo com o método [184] . Estas estruturas ZnS/CuS de dupla camada têm uma cor castanha com um reflexo espelhado.

A análise de difração de raios X da estrutura ZnS/CuS (Fig. 3.15) revelou que são parcialmente amorfos, com picos de fase visíveis correspondentes à modificação cúbica do ZnS e à modificação hexagonal do CuS.

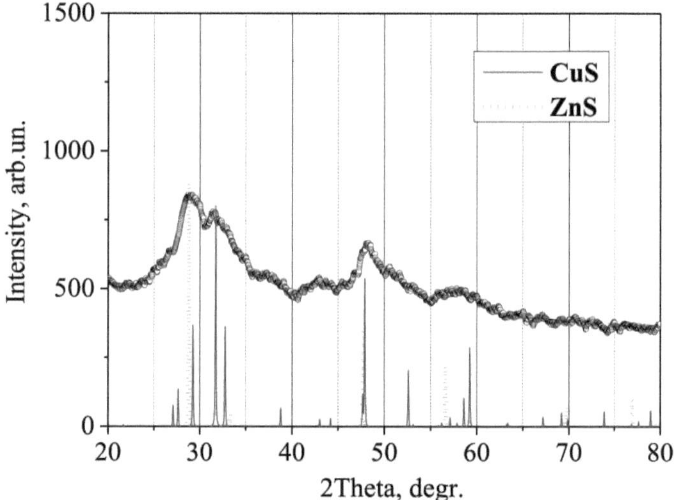

Fig. 3.15. O perfil experimental da estrutura da película de ZnS/CuS em comparação com as linhas teóricas do difractograma de ZnS e CuS

O espetro ótico $T(\lambda)$ da estrutura ZnS/CuS (Fig. 3.16) apresenta um salto na transmissão da luz a 300 nm e satura suavemente. O intervalo de banda ótica determinado é de 3,67 eV, o que é caraterístico do composto

ZnS. No entanto, não foi possível estabelecer este valor para o CuS dentro da estrutura ZnS/CuS.

Os estudos de morfologia da superfície da estrutura ZnS/CuS (Fig. 3.17) revelam que são contínuos e homogéneos. A película de ZnS cobre completamente a superfície de CuS.

Os resultados da microanálise (Tabela 3.5) mostram que a estrutura consiste em proporções aproximadamente iguais de átomos de metal e átomos de enxofre, com um ligeiro excesso de átomos de metal. Esta composição confirma a presença de dois compostos no total - ZnS e CuS, o que está de acordo com os dados obtidos na análise XRD.

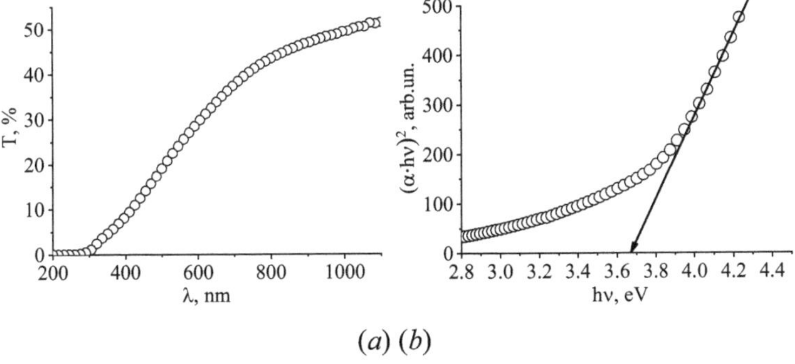

(a) (b)

Fig. 3.16. Espectros de transmissão ótica (a) e de absorção (b) da estrutura da película ZnS/CuS

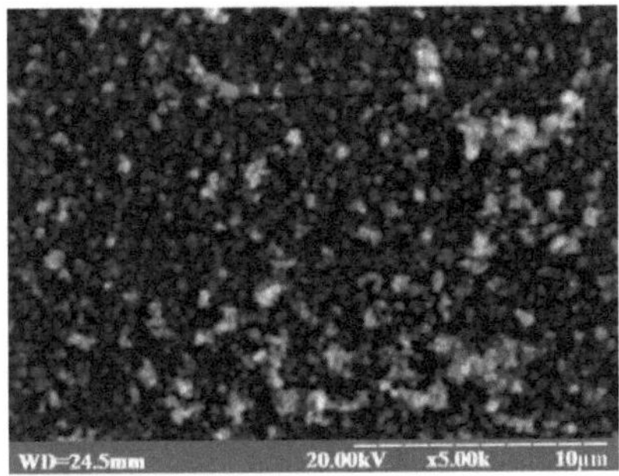

Fig. 3.17. Morfologia da superfície da estrutura da película ZnS/CuS

Quadro 3.5

**Resultados da microanálise da morfologia da superfície da estrutura
da película de ZnS/CuS**

Superfície	Componente	% em peso	Em %.
ZnS/CuS	Cu	38.52	30.18
	Zn	32.39	24.66
	S	29.09	45.16

3.6. ZnS/Ag$_2$ S estruturas

A estrutura ZnS/Ag$_2$ S foi sintetizada depositando filmes de ZnS, que foram obtidos usando citrato trissódico [179], sobre filmes de Ag$_2$ S criados como descrito em [185]. A estrutura de dupla camada formada de ZnS/Ag$_2$ S exibe uma cor prateada com um brilho espelhado.

A análise das fases de raios X da amostra ZnS/Ag$_2$ S (Fig. 3.18 a) revelou que esta é constituída por duas fases: a modificação monoclínica do Ag2S e a fase amorfa do composto ZnS. Isto é apoiado pelos halos largos observados nas posições das linhas no difractograma teórico do sulfureto de zinco. Para comparação, o difractograma de uma camada de película de Ag$_2$ S puro é apresentado na Fig. 3.18 b.

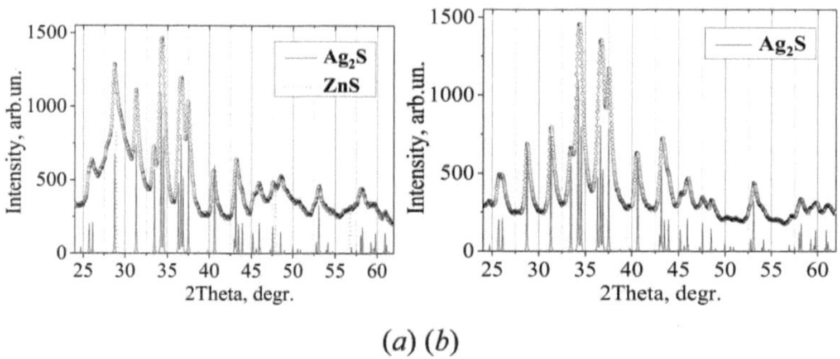

(a) (b)

Fig. 3.18. O perfil experimental da estrutura da película de ZnS/Ag$_2$ S (a) e o difractograma da película de Ag$_2$ S (b) em comparação com as linhas teóricas do difractograma de ZnS e Ag S $_2$

O exame das propriedades ópticas da estrutura ZnS/Ag$_2$S na gama de comprimentos de onda de 200-1000 nm (Fig. 3.19) revelou a existência de dois limiares distintos de transmissão da luz que ocorrem aproximadamente a 300 e 500 nm.

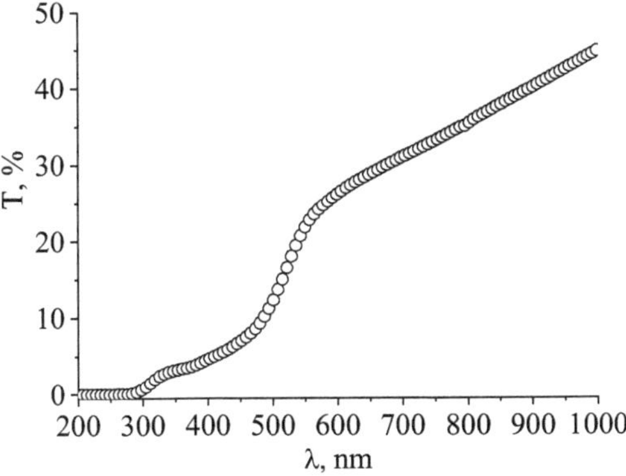

Fig. 3.19. Espectro de transmissão ótica da estrutura da película de ZnS/Ag S $_2$

A dependência espetral adquirida da absorção da estrutura nas coordenadas

$(\alpha \cdot h\nu)^2$ - $h\nu$ coordenadas é apresentada na Fig. 3.20. Os band gaps ópticos foram determinados e verificou-se que estão situados nas regiões de 3,62 e 2,08 eV, alinhando-se com valores da literatura para filmes de sulfeto de zinco e sulfeto de Argentum (I) [84, 186].

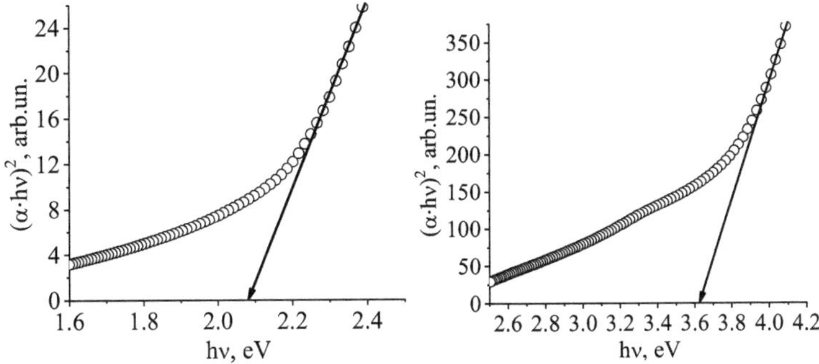

Fig. 3.20 Espectros de absorção ótica da estrutura da película de ZnS/Ag$_2$ S (diferentes escalas do eixo Y)

Um exame da morfologia da estrutura ZnS/Ag$_2$ S (Fig. 3.21) revelou que era contínua, homogénea e que cobria completamente a camada anterior de Ag$_2$ S com uma película de ZnS.

Os dados da microanálise (Tabela 3.6) indicaram que a estrutura contém uma concentração global mais elevada de metais argentum e zinco do que de átomos de enxofre. É difícil estimar qual destes átomos estará em excesso quando se comparam as percentagens atómicas totais dos metais e do calcogénio, uma vez que possuem valências diferentes (I e II), o que pode influenciar a proporção total de enxofre.

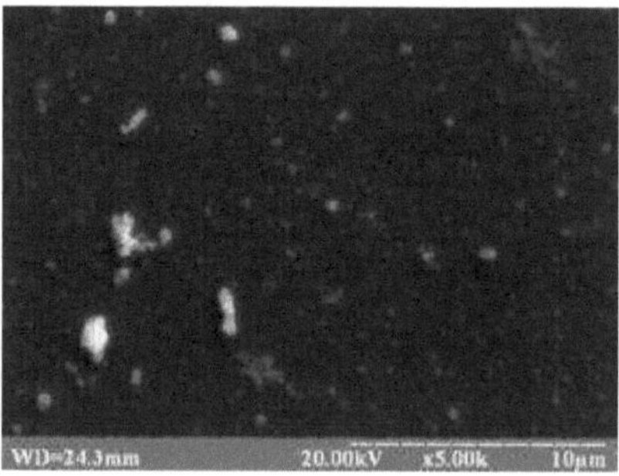

Fig. 3.21. Morfologia da superfície da estrutura da película de ZnS/Ag S

2

Quadro 3.6

Resultados da microanálise da morfologia da superfície da estrutura da película de ZnS/Ag S$_2$

Superfície	Componente	% em peso	Em %.
ZnS/Ag S$_2$	Ag	68.19	44.17
	Zn	13.96	14.92
	S	17.85	38.91

3.7. Estruturas de ZnS/ZnO

92

A estrutura ZnS/ZnO foi produzida através da deposição de filmes de ZnS utilizando citrato trissódico [179] sobre filmes de ZnO criados através do procedimento descrito em [187]. As estruturas formadas da dupla camada ZnS/ZnO são brancas e não exibem uma reflexão em espelho.

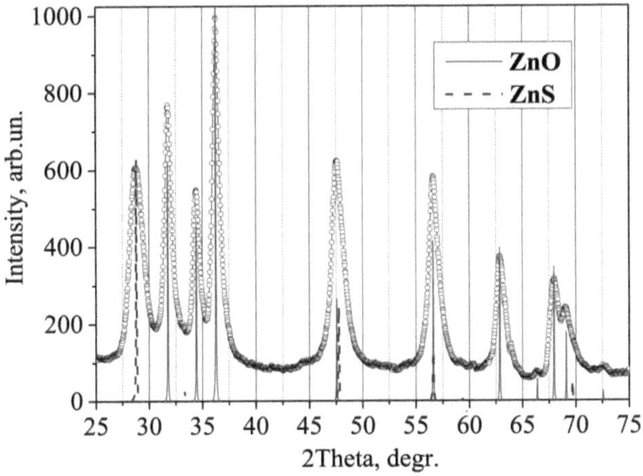

Fig. 3.22. O perfil experimental da estrutura da película de ZnS/ZnO em comparação com as linhas teóricas do difractograma de ZnS e ZnO

A análise da fase de raios X da estrutura ZnS/ZnO (Fig. 3.22) revelou a presença de duas fases - a modificação cúbica de ZnS e a hexagonal de ZnO. As investigações ópticas da estrutura ZnS/ZnO, efectuadas na gama de comprimentos de onda de 200-1000 nm (Fig. 3.23), demonstram dois saltos de transmissão de luz a 300 e 350 nm. A transmissão da luz atinge um pico a 400 nm e depois diminui gradualmente. A análise dos perfis de absorção ótica (Fig. 3.24) revela a presença de duas larguras de banda, medindo 3,69 e 3,38 eV, que correspondem aos compostos de ZnS e ZnO na estrutura resultante [84, 188].

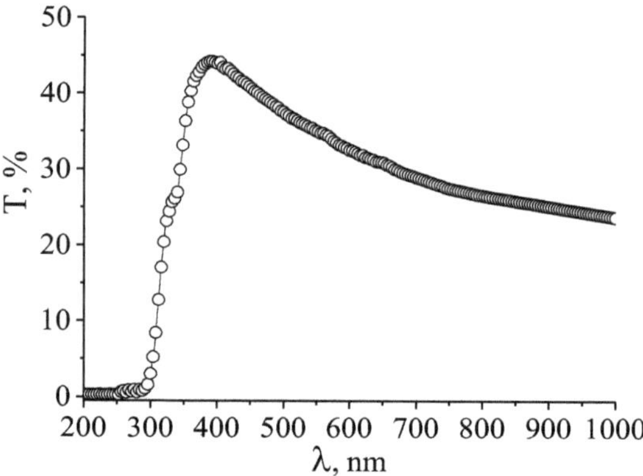

Fig. 3.23 Espectro de transmissão ótica da estrutura da película de
ZnS/ZnO

A partir da imagem obtida da morfologia da superfície da estrutura ZnS/ZnO (Fig. 3.25a), é evidente que a parte inferior da amostra contém uma fase de ZnO sob a forma de agulhas, com partículas da fase ZnS a aderir ao topo destas agulhas. Para comparação, a Fig. 3.25b mostra uma camada limpa de filme de ZnO. Os dados da microanálise (Tabela 3.7) revelam que a razão atómica de Zinco para Enxofre é de 69:31. Este maior teor de Zinco e menor teor de Enxofre corresponde à soma combinada dos átomos correspondentes das camadas de ZnS e ZnO. O teor de Oxigénio não pode ser determinado por este método de análise, uma vez que este foi concebido para elementos com números atómicos superiores a 11.

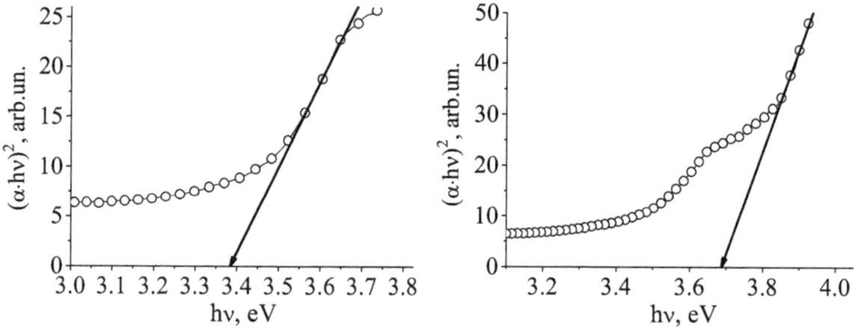

Fig. 3.24. Espectros de absorção ótica da estrutura da película de
ZnS/ZnO (diferentes escalas do eixo Y)

(*a*) (*b*)

Fig. 3.25. Morfologia da superfície da estrutura da película de ZnS/ZnO
(*a*) e da película de ZnO (*b*)

Quadro 4.7

**Resultados da microanálise da morfologia da superfície da estrutura
da película de ZnS/ZnO**

Superfície	Componente	% em peso	Em %.
ZnS/ZnO	Zn	74.45	68.7
	S	25.55	31.3

3.8. Estruturas ZnS/Si

A estrutura ZnS/Si foi formada usando o método CD, empregando
citrato trissódico [179] num substrato de silício (Si). A análise de fase de
raios X da estrutura ZnS/Si (Fig. 3.26) mostrou que esta é constituída por
fases de Si cristalino e pelo composto ZnS, com picos muito próximos e
parcialmente sobrepostos ao primeiro. O difractograma também apresenta
picos adicionais de uma fase não identificada (assinalada com *).

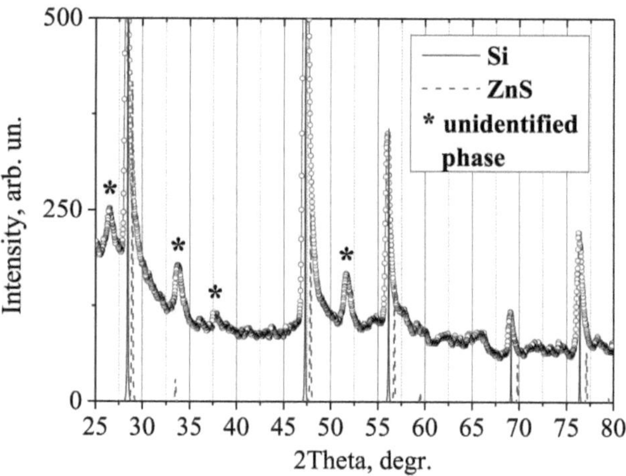

Fig. 3.26. O perfil experimental da estrutura da película de ZnS/Si em comparação com as linhas teóricas do difractograma de ZnS e Si

As propriedades ópticas da estrutura ZnS/Si não foram investigadas devido à opacidade do substrato de Si. Os resultados da análise da morfologia da superfície das películas de ZnS sintetizadas num substrato de silício (Fig. 3.27) indicam que são homogéneas, contínuas, cobrem eficazmente a superfície e apresentam um mínimo de defeitos superficiais. A microanálise do revestimento resultante (Tabela 3.8) revelou que a relação Zn/S nos filmes está próxima da estequiometria, com um ligeiro excesso de átomos metálicos.

Fig. 3.27. Morfologia da superfície da película de ZnS no substrato de Si

Quadro 3.8

Resultados da microanálise da morfologia da superfície da estrutura da película de ZnS/Si

Superfície	Componente	% em peso	Em %.
ZnS/Si	Zn	3.73	1.64
	Si	94.62	96.88
	S	1.65	1.48

A imagem AFM tridimensional de ZnS/Si (Fig. 3.28) revela que o revestimento é uniforme, contínuo e apresenta poucos defeitos superficiais. O histograma de altura dos grãos de cristal acima da superfície do substrato demonstra que a película é densamente embalada com numerosas partículas de tamanho semelhante, aproximadamente cerca de 70 nm, indicando uma baixa ocorrência de vazios ou lacunas.

nm
300
150
nm
5
4
3
2
1
0
5
μm
4
3
2
1

(*a*)

Grains amount
250
200
150
100
50
0
0 50 100 150 200 250 300 350 400
Grains height, nm

(*b*)

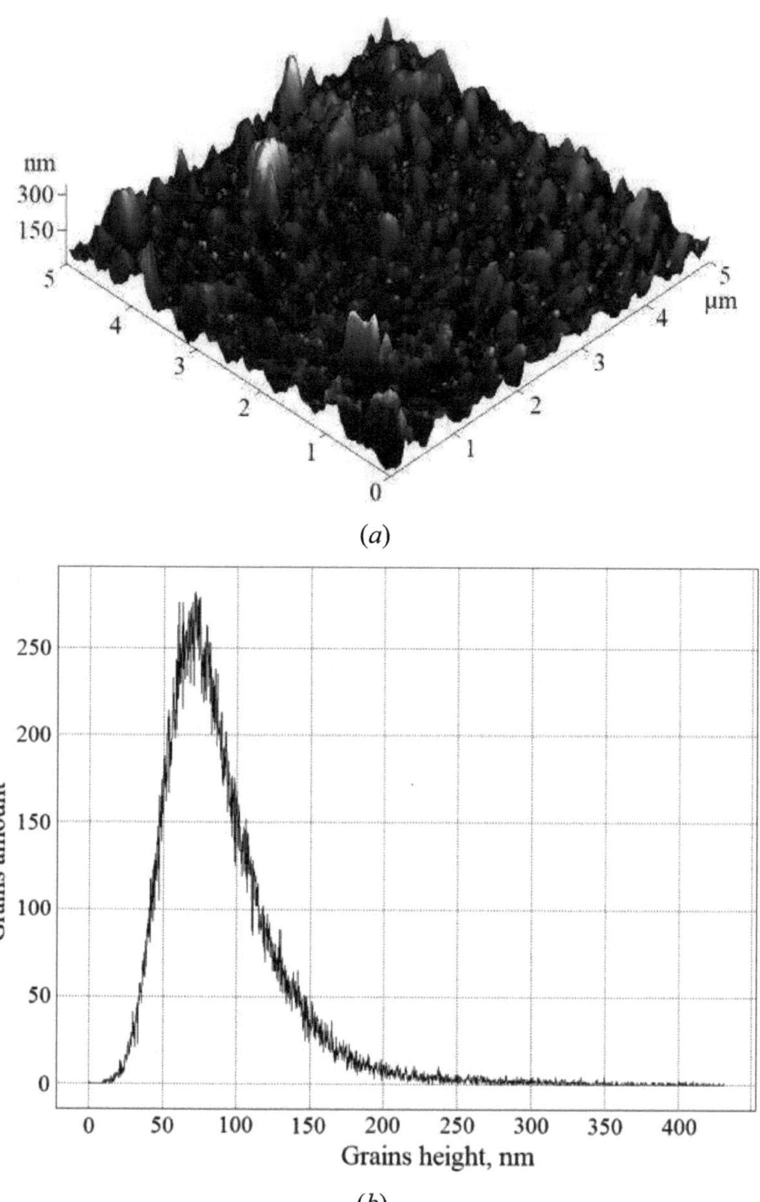

Fig. 3.28. Morfologia da superfície da película de ZnS no substrato de Si (*a*) e o correspondente histograma calculado da altura dos grãos de cristal (*b*)

3.9. Estruturas ZnSe/ZnS

A estrutura ZnSe/ZnS foi criada através da deposição de películas de ZnSe com hidróxido de sódio [180] sobre películas de ZnS com citrato trissódico [179]. As estruturas resultantes da dupla camada ZnSe/ZnS são amarelas com uma reflexão tipo espelho. A análise de fase de raios X da estrutura ZnSe/ZnS (Fig. 3.29) revelou a presença de duas fases: modificações cúbicas de ZnS e ZnSe. O estudo das propriedades ópticas da estrutura ZnSe/ZnS (Fig. 3.30) demonstrou dois saltos de transmissão de luz a 300 e 450 nm. A partir das curvas de absorção (Fig. 3.31), os intervalos de banda ótica foram determinados em 2,61 e 3,65 eV, característicos dos compostos ZnSe e ZnS, respetivamente [84, 189], que compõem a estrutura.

Uma micrografia da superfície da estrutura ZnSe/ZnS (Fig. 3.32) revela a sua homogeneidade, continuidade e cobertura completa da película de ZnS subjacente com uma película de ZnSe. Os dados de microanálise (Tabela 3.9) indicam que a estrutura é composta por partes aproximadamente iguais de átomos de Zn e de calcogénio, com um ligeiro excesso do componente metálico.

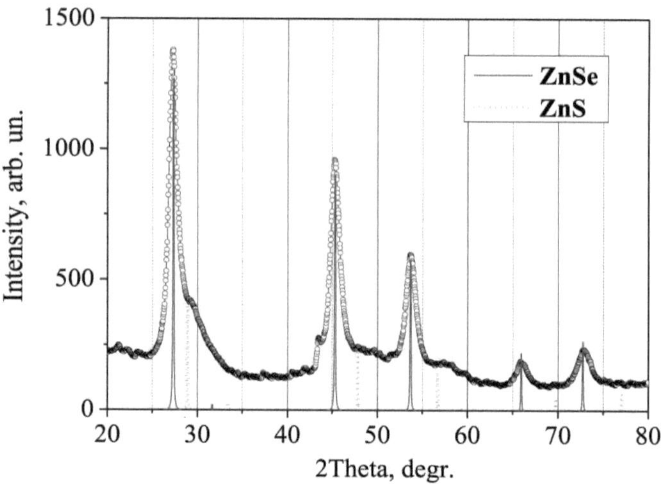

Fig. 3.29. O perfil experimental da estrutura da película de ZnSe/ZnS em comparação com as linhas teóricas do difractograma de ZnSe e ZnS

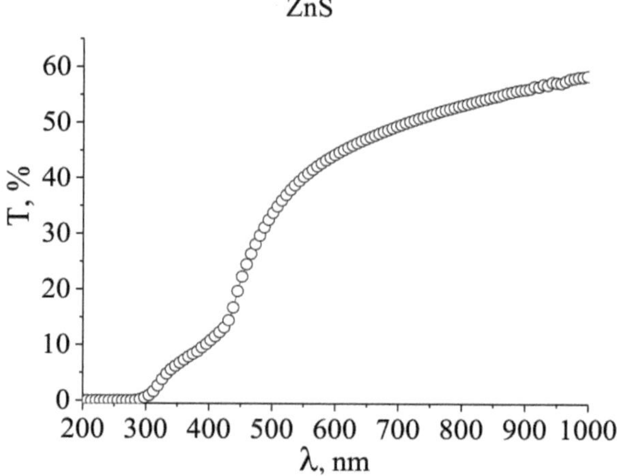

Fig. 3.30. Espectro de transmissão ótica da estrutura da película de ZnSe/ZnS

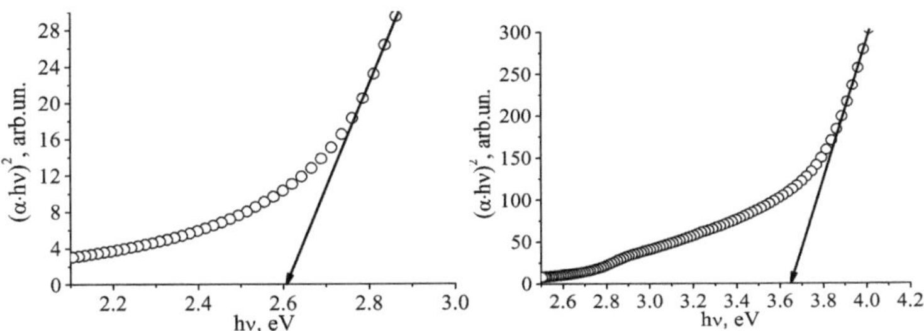

Fig. 3.31 Espectros de absorção ótica da estrutura da película de

ZnSe/ZnS (diferentes escalas do eixo Y)

Fig. 3.32. Morfologia da superfície da estrutura da película de

ZnSe/ZnS

Quadro 3.9

Resultados da microanálise da morfologia da superfície da

estrutura da película de ZnSe/ZnS

Superfície	Componente	% em peso	Em %.
ZnSe/ZnS	Zn	45.88	48.75
	Se	51.30	45.14
	S	2.82	6.11

3.10. Estruturas ZnSe/CdS

A estrutura ZnSe/CdS foi formada pela deposição de filmes de ZnSe utilizando hidróxido de sódio [180] sobre filmes de CdS , seguindo o procedimento descrito em [182]. As estruturas resultantes da dupla camada de ZnSe/CdS são amarelas com uma fraca reflexão especular.

A análise XRD da estrutura ZnSe/CdS (Fig. 3.33) identificou fases correspondentes às modificações cúbicas dos compostos ZnSe e CdS.

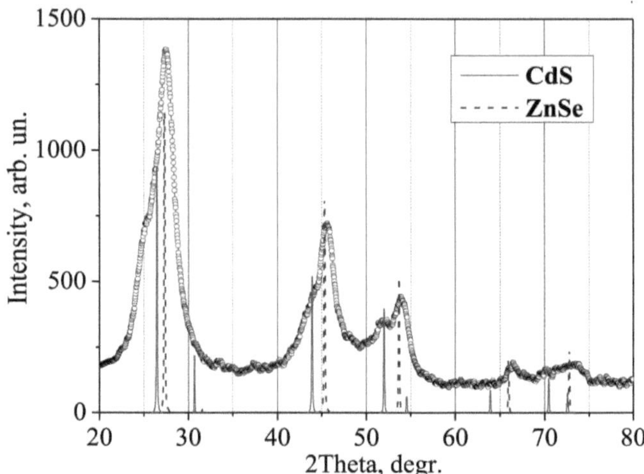

Fig. 3.33. O perfil experimental da estrutura da película de ZnSe/CdS em comparação com as linhas teóricas do difractograma de ZnSe e CdS

Ao estudar os espectros de transmissão ótica (Fig. 3.34) e de absorção (Fig. 3.35) da estrutura ZnSe/CdS, verificou-se que ocorrem dois saltos de transmissão de luz perto de 400-450 nm. Os valores dos band gaps foram determinados como sendo 2,60 e 2,48 eV, que correspondem aos compostos (ZnSe e CdS) que constituem esta estrutura [183, 189].

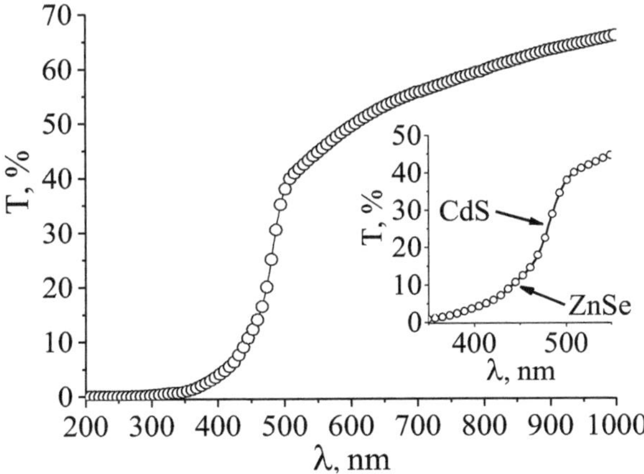

Fig. 3.34. Espectro de transmissão ótica da estrutura da película de ZnSe/CdS (Detalhe: uma escala ampliada da secção de 350-550 nm)

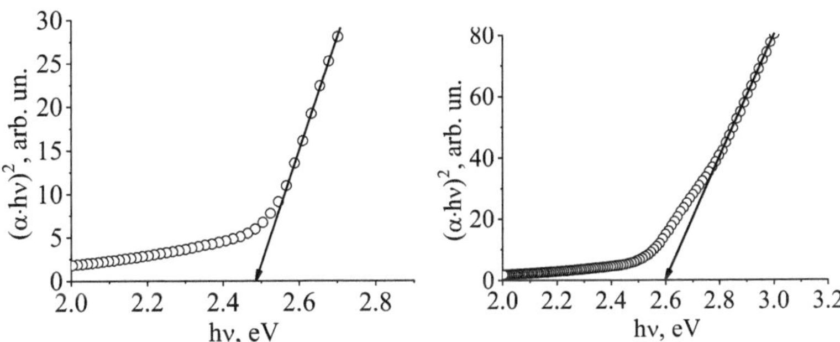

Fig. 3.35. Espectros de absorção ótica da estrutura da película de ZnSe/CdS (diferentes escalas do eixo Y)

A micrografia resultante da estrutura ZnSe/CdS é mostrada na Fig. 3.36. A sua superfície é homogénea e contínua. É visível a presença de partículas com uma forma próxima da esférica, semelhante à das micrografias dos filmes de ZnSe obtidos neste trabalho. Os dados de microanálise (Tabela 3.10) mostram uma relação quase estequiométrica entre o Zinco e o Selénio e entre o Cádmio e o Enxofre, com um ligeiro excesso de átomos de calcogénio.

Resultados da microanálise da morfologia da superfície da estrutura da película de ZnSe/CdS

Superfície	Componente	% em peso	Em %.
ZnSe/CdS	Zn	32.16	35.14
	Se	38.17	34.54
	Cd	22.47	14.28
	S	7.20	16.04

Fig. 3.36. Morfologia da superfície da estrutura da película de ZnSe/CdS

3.11. Estruturas ZnSe/HgS

A estrutura ZnSe/HgS foi formada pela deposição de filmes de ZnSe utilizando hidróxido de sódio [180] sobre filmes de HgS depositados de acordo com o procedimento descrito em [179]. As estruturas formadas a partir da dupla camada de ZnSe/HgS são castanho-escuras sem reflexo espelhado.

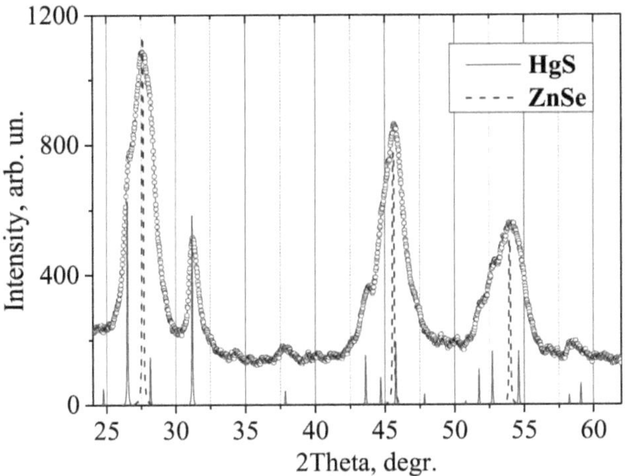

Fig. 3.37. O perfil experimental da estrutura da película de ZnSe/HgS em comparação com as linhas teóricas do difractograma de ZnSe e HgS

A análise de fase de raios X da estrutura ZnSe/CdS (Fig. 3.37) revelou que contém fases de dois compostos - a modificação cúbica de ZnSe e a modificação trigonal de HgS. A dependência da transmissão ótica de luz obtida (Fig. 3.38) mostra dois saltos nos comprimentos de onda de 350 e 400 nm. A dependência $(\alpha \cdot h v)^2 - h v$ (Fig. 3.39) mostra duas arestas de absorção de luz localizadas nas regiões de 2,63 e 3,03 eV, que correspondem aos dados da literatura para os compostos ZnSe e HgS [34, 189], dos quais a estrutura é constituída.

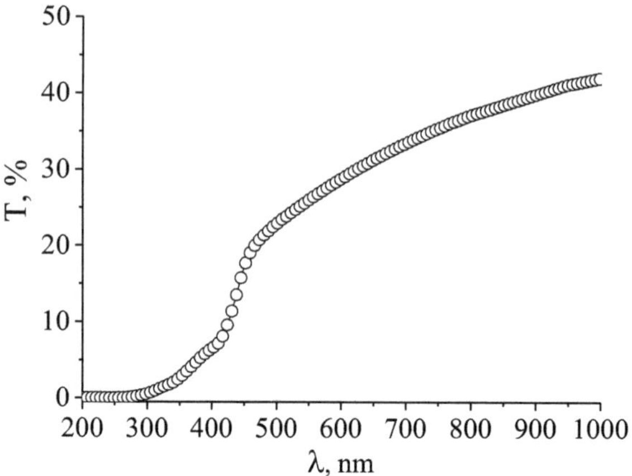

Fig. 3.38 Espectro de transmissão ótica da estrutura da película de
ZnSe/HgS

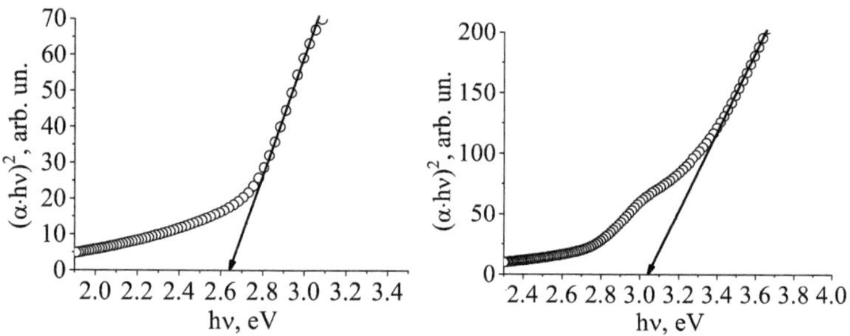

Fig. 3.39. Espectros de absorção ótica da estrutura da película de
ZnSe/HgS (diferentes escalas do eixo Y)

A análise da morfologia da superfície da estrutura ZnSe/HgS (Fig.
3.40) revela que esta é homogénea, contínua, cobre completamente a
camada anterior e contém um pequeno número de defeitos superficiais.
Os dados de microanálise (Tabela 3.11) mostram um conteúdo atómico
quase estequiométrico de Zinco para Selénio e Mercúrio para Enxofre
com um ligeiro excesso de átomos de calcogénio.

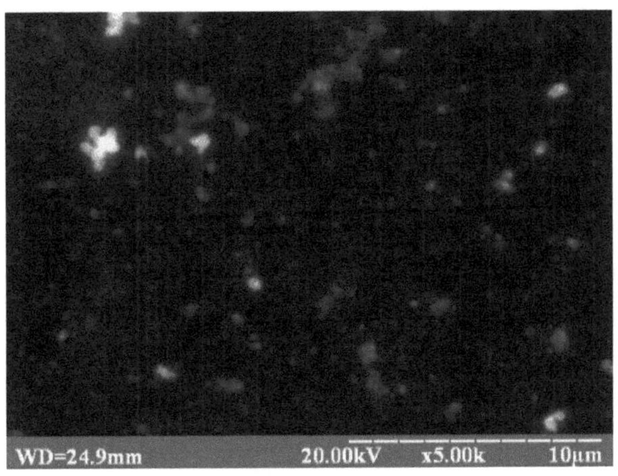

Fig. 3.40. Morfologia da superfície da estrutura da película de
ZnSe/HgS

Quadro 3.11

**Resultados da microanálise da morfologia da superfície da
estrutura da película de ZnSe/HgS**

Superfície	Componente	% em peso	Em %.
ZnSe/Ag S_2	Zn	37.62	43.53
	Se	47.32	45.33
	Hg	12.30	4.64
	S	2.76	6.51

3.12. ZnSe/Ag$_2$ S estruturas

A estrutura ZnSe/Ag$_2$ S foi formada pela deposição de filmes de ZnSe utilizando hidróxido de sódio [180] sobre filmes de Ag$_2$ S depositados de acordo com o método [185]. As estruturas resultantes da dupla camada de ZnSe/Ag$_2$ S são castanhas sem reflexo espelhado. A análise de fase por raios X da estrutura ZnSe/Ag$_2$ S (Fig. 3.41) revelou que esta é constituída por duas fases, nomeadamente uma modificação monoclínica de Ag₂ S e uma modificação cúbica do composto ZnSe.

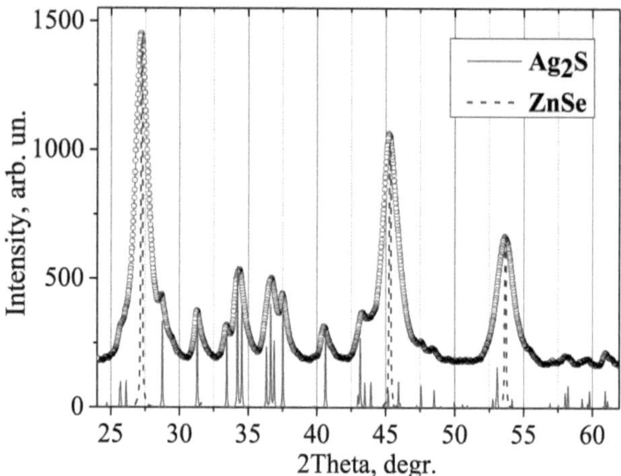

Fig. 3.41. O perfil experimental da estrutura da película de ZnSe/Ag₂ S em comparação com as linhas teóricas do difractograma de ZnSe e Ag S₂

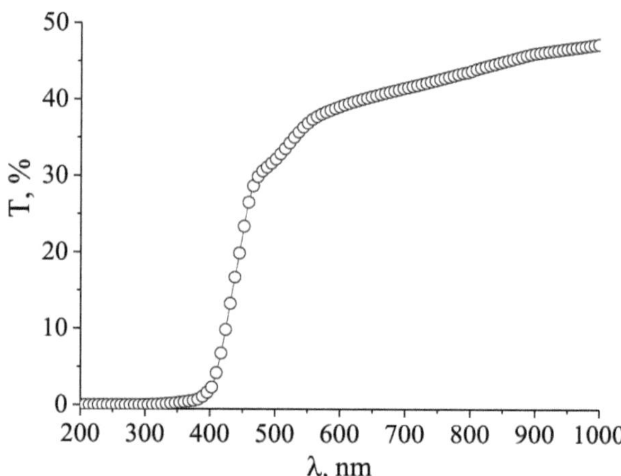

108

Fig. 3.42. Espectro de transmissão ótica da estrutura da película de
ZnSe/Ag S$_2$

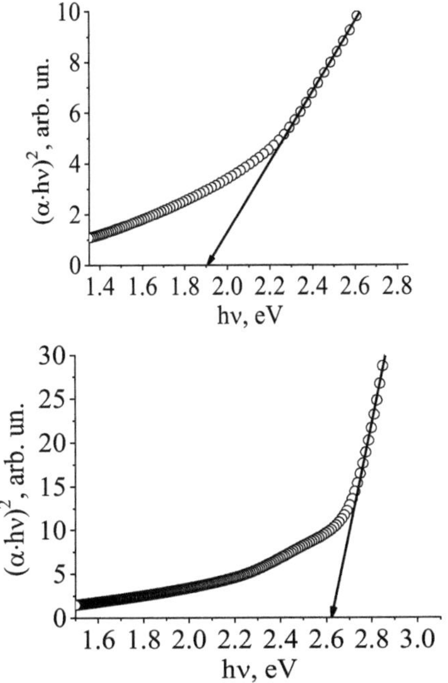

Fig. 3.43. Espectros de absorção ótica da estrutura da película de
ZnSe/Ag$_2$ S (diferentes escalas do eixo Y)

O espetro de transmissão ótica de luz (Fig. 3.42) exibe dois saltos em
400 e 500 nm, que, como indicado pela dependência de absorção $(\alpha \cdot hv)^2$ -
hv (Fig. 3.43), correspondem a dois valores de band gap ótico: 1,91 e 2,62
eV. Isto corresponde à presença de dois compostos, Ag$_2$ S e ZnSe, na
estrutura [186, 189], confirmando os dados da análise de XRD.

Quadro 3.12

**Resultados da microanálise da morfologia da superfície da
estrutura da película de ZnSe/Ag S$_2$**

Superfície	Componente	% em peso	Em %.
ZnSe/Ag S$_2$	Zn	35.41	40.35
	Se	43.50	41.06
	Ag	18.62	12.86
	S	2.47	5.73

O exame da morfologia da superfície da estrutura ZnSe/Ag$_2$ S (Fig. 3.44) revela que esta é contínua, homogénea e cobre inteiramente a camada subjacente. A presença de pequenas partículas esféricas, que pertencem ao ZnSe, é observada na superfície. Os resultados da microanálise (Tabela 3.12) indicam que a estrutura mantém uma relação quase estequiométrica de átomos de zinco para selénio, com um ligeiro excesso deste último, e de argônio para enxofre, com um ligeiro excesso do primeiro. Isto é consistente com os resultados da análise XRD.

Fig. 3.44. Morfologia da superfície da estrutura da película de
ZnSe/Ag S$_2$

Nesta secção, demonstrámos a viabilidade de produzir películas baseadas em soluções sólidas de Cd Zn$_{x1-x}$ S e ZnS$_x$ Se$_{1-x}$, bem como estruturas compósitas constituídas por camadas duplas de ZnS/CdS, ZnS/HgS, ZnS/CuS, ZnS/Ag$_2$ S, ZnS/ZnO, ZnS/Si, ZnS/ZnSe,

110

ZnS/CdS, ZnS/HgS e ZnS/Ag$_2$ S. A composição de fases destas soluções e estruturas sólidas foi confirmada através da análise XRD. Na maioria das amostras obtidas, as fases identificadas exibiram uma estrutura cristalina. No entanto, nos casos de Cd Zn$_{x1-x}$ S, ZnS/CuS, e ZnS/Ag$_2$ S, foi detectado um componente amorfo significativo.

As medições da transmitância espetral revelaram um único salto na transmitância da luz para o Cd Zn$_{x1-x}$ S e ZnS$_x$ Se$_{1-x}$. Este salto situa-se entre as transições observadas para os compostos puros, que definem os limites das soluções sólidas. Nas estruturas de dupla camada criadas, foram identificados dois saltos nas curvas de transmitância espetral, correspondentes aos dois compostos que constituem a estrutura. Uma exceção foi observada no caso da dupla camada ZnS/CuS, onde apenas foi visível um salto, caraterístico do sulfureto de zinco. A ausência de um salto correspondente para o sulfureto de cobre pode ser atribuída à presença deste composto num estado amorfo, como indicado pela análise XRD.

A análise da morfologia da superfície das películas de solução sólida e das estruturas de dupla camada mostrou que estas são contínuas, homogéneas e cobrem totalmente a camada subjacente. Algumas amostras com uma camada de seleneto de zinco mostraram a presença de partículas esféricas. Os resultados da microanálise indicaram que as fases nas películas se aproximam de uma composição estequiométrica.

Quadro 3.13

Estrutura, comprimento de onda do salto de transmissão da luz e intervalo de banda ótica para as soluções e estruturas sólidas de película obtidas

Amostra	Fase	Estrutura de fases	A região de comprimento de onda do salto de	Energia do desfasamento ótico, E$_g$, eV

			transmissão da luz, **nm**	
$Cd\,Zn\,S_{x1-x}$	$Cd\,Zn\,S_{x1-x}$	cúbico + amorfo	~400	2.81
$ZnS_x\,Se_{1-x}$	$ZnS_x\,Se_{1-x}$	cúbico	~370-410	2.70-3.06
ZnS/CdS	ZnS	cúbico	~300	3.68
	CdS	cúbico	~450	2.56
ZnS/HgS	ZnS	cúbico	~300	3.68
	HgS	trigonal	~350	3.00
ZnS/CuS	ZnS	amorfo	~300	3.67
	CuS	amorfo	não estabelecido	não estabelecido
$ZnS/Ag\,S_2$	ZnS	amorfo	~300	3.62
	$Ag\,S_2$	monoclínico	~500	2.08
ZnS/ZnO	ZnS	cúbico	~300	3.69
	ZnO	hexagonal	~320	3.38
ZnS/Si	ZnS	cúbico	não estabelecido	não estabelecido
	Si	cúbico	não estabelecido	não estabelecido
ZnSe/ZnS	ZnSe	cúbico	~420	2.61
	ZnS	cúbico	~300	3.65
ZnSe/CdS	ZnSe	cúbico	~420	2.60
	CdS	cúbico	~450	2.48
ZnSe/HgS	ZnSe	cúbico	~420	2.63
	HgS	trigonal	~320	3.03
$ZnSe/Ag\,S_2$	ZnSe	cúbico	~420	2.62
	$Ag\,S_2$	monoclínico	~500	1.91

A Tabela 3.13 resume os dados obtidos a partir do estudo das soluções sólidas de filmes sintetizados e das estruturas compósitas.

3.13. $HgS_x\,Se_{1-x}$ estruturas

Para a deposição química de películas semicondutoras de $HgS_x\,Se_{1-x}$, foi preparada uma solução utilizando nitrato de mercúrio, tiocarbamida (que actua como agente complexante e contendo enxofre), selenosulfato de sódio (como agente contendo selénio) e citrato trissódico (utilizado como regulador de pH). Esta solução foi formulada de modo a conter iões S^{2-} e Se^{2-}, facilitando a síntese de uma solução sólida de $HgS_x Se_{1-x}$. As condições específicas de síntese estão descritas na Tabela 3.14.

Quadro 3.14

Composição e concentração das soluções para o CBD de filmes de $HgS_x Se_{1-x}$

AmostraNo.	C(Hg(NO$_3$)$_2$), 10^{-3} M	C(Na$_2$C$_6$H$_5$O$_7$), 10^{-3} M	C((NH$_2$)$_2$CS), M	C(Na$_2$SeSO$_3$), 10^{-5} M	T, °C	t, min
1	8.0	5.0	0.02	1.0	95	10
2				2.5		
3				5.0		
4				7.5		
5				10.0		

As películas obtidas são castanhas com um acabamento espelhado. No entanto, a sua adesão ao substrato de vidro é fraca. Quando a concentração de selenosulfato de sódio (C(Na$_2$SeSO$_3$)) é aumentada para $\geq 12{,}5 \cdot 10^{-5}$ M, a adesão enfraquece ainda mais, fazendo com que o filme seja lavado do substrato quando enxaguado com água destilada. Este facto complica o estudo destas películas. A análise de XRD das amostras de filmes de $HgS_x Se_{1-x}$ (Fig. 3.45) revela o seguinte:

- f ou amostra n.º 1, está presente uma fase de modificação trigonal de $HgS_x Se_{1-x}$ (cinábrio).

- para as amostras n.º 2-4, verifica-se uma transição da estrutura trigonal para a estrutura cúbica.

- O difractograma da amostra n.º 5 mostra a presença de uma película de $HgS_x Se_{1-x}$ solução sólida com uma estrutura cúbica. A posição do pico neste caso situa-se entre as linhas das fases cúbicas de *β-HgS* e HgSe, o que é caraterístico de uma solução sólida.

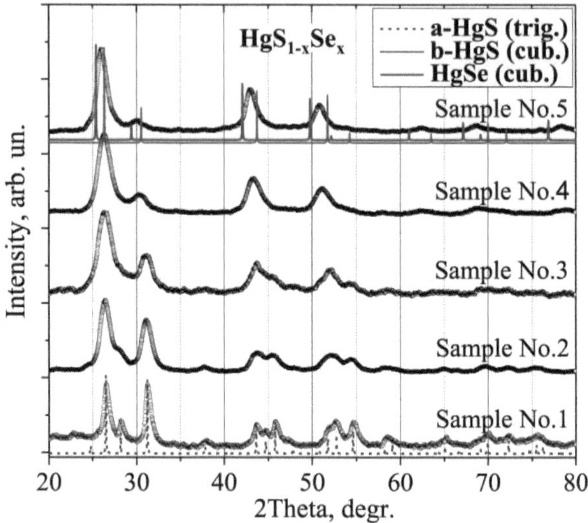

Fig. 3.45. O perfil experimental das películas de HgS$_x$ Se$_{1-x}$ em comparação com as linhas teóricas do difractograma de *α-HgS*, β-HgS e HgSe

Realizámos um estudo dos espectros de transmissão ótica da luz, designados por $T(\lambda)$, para as películas de HgS$_x$ Se$_{1-x}$ numa gama de comprimentos de onda de 340 a 900 nm, como se mostra na Fig. 3.46 *a*.

Para a amostra n.º 1, o aumento da transmissão de luz inicia-se em cerca de 340 nm, indicando um baixo teor de selénio na solução sólida. No entanto, ao prolongarmos o tempo de deposição das amostras 2 a 5, observámos uma mudança no salto da transmissão da luz para a região dos 400 nm, o que significa uma maior presença de átomos de selénio na película HgS$_x$ Se$_{1-x}$.

114

Adicionalmente, examinámos a dependência espetral da absorção na Figura 3.46 *b*, utilizando as coordenadas $(\alpha\text{-}hv)^2$ - hv. Esta análise revelou a existência de bordos de absorção fundamentais. Extrapolando as secções lineares das curvas $(\alpha\text{-}hv)^2$ para o ponto em que intersectam o eixo de energia, determinámos o intervalo de banda ótica das películas. Nomeadamente, este intervalo de banda diminuiu de 2,70 eV na amostra n.º 1 para 2,43 eV na amostra n.º 5.

Além disso, avaliámos as características da superfície das películas de $HgS_x Se_{1-x}$ (ver Tabela 3.15). Independentemente das concentrações de selenosulfato de sódio utilizadas, as superfícies das películas permaneceram lisas, homogéneas e contínuas, cobrindo eficazmente o substrato com uma presença mínima de defeitos de superfície. O número de defeitos diminuiu à medida que passámos da amostra n.º 1 para a amostra n.º 5.

Em todas as amostras de películas de $HgS_x Se_{1-x}$ (Figura 3.47), a razão atómica de Hg para a soma dos átomos de S e Se é quase estequiométrica, com um ligeiro excesso de átomos de calcogénio. Nomeadamente, nas amostras n.º 1-5, o teor atómico de Se aumenta quase linearmente de 0,7 para 17,2 at. %, principalmente devido à substituição de átomos de Se.

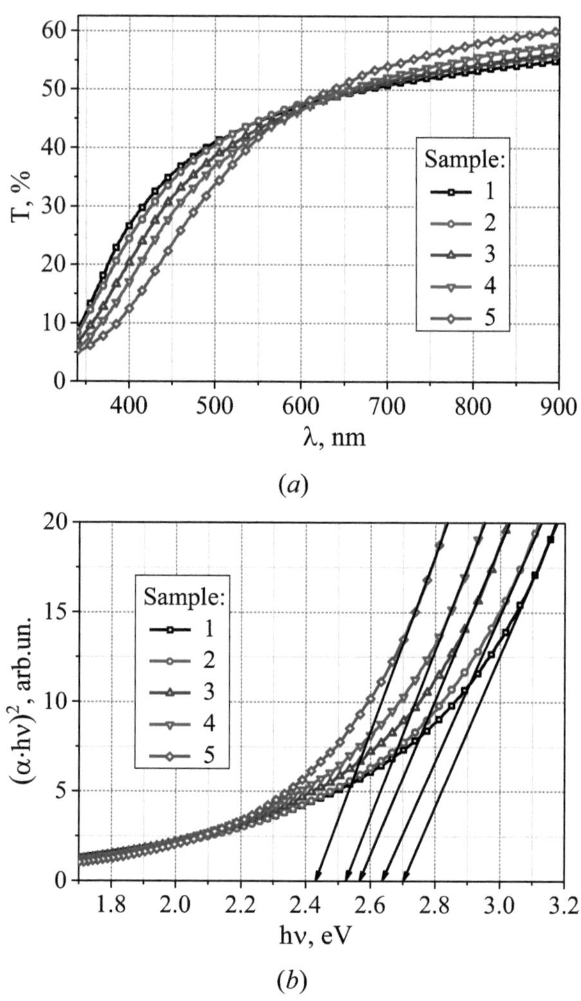

Fig. 3.46. Espectros de transmissão ótica (*a*) e de absorção (*b*) das películas de $HgS_x Se_{1-x}$

Quadro 3.15

A morfologia da superfície das películas de $HgS_x Se_{1-x}$ varia com a concentração de $Na_2 SeSO_3$

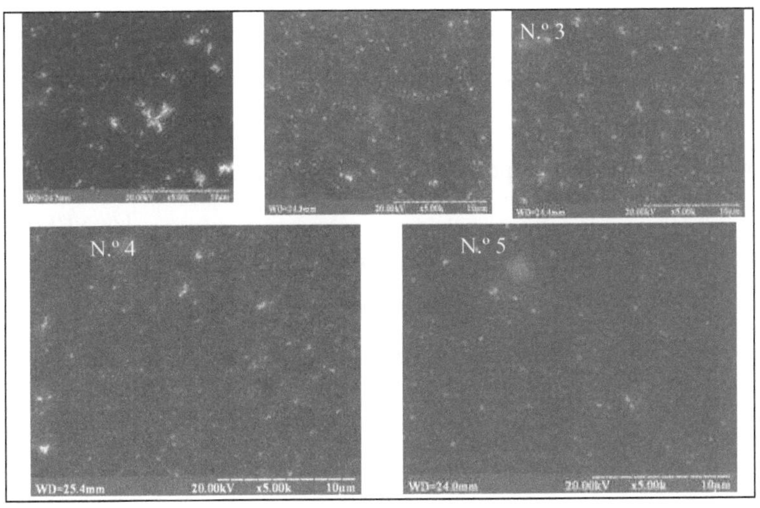

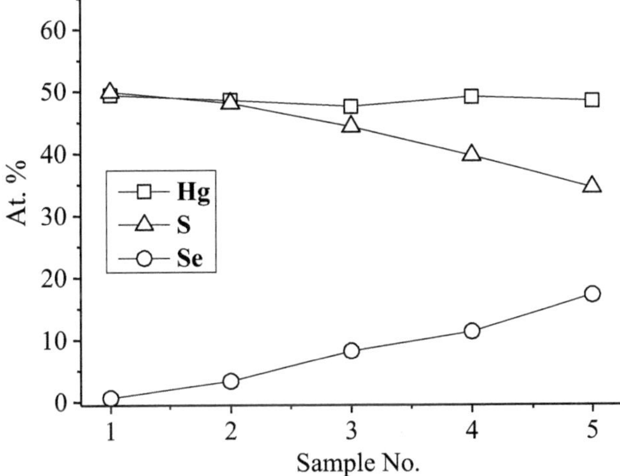

Fig. 3.47. Dependência do teor atómico de Hg, S e Se nas películas em função da concentração de Na$_2$ SeSO$_3$

3.14. Hg I$_{32}$ Se$_2$ estruturas

Para a deposição química dos filmes semicondutores de HgSe, utilizámos soluções contendo nitrato de mercúrio, iodeto de potássio como agente complexante e selenosulfato de sódio como agente calcogenizante. As condições de síntese são apresentadas na Tabela 3.16.

Quadro 3.16

Composição e concentração das soluções para o CBD de filmes de

Hg I$_{32}$ Se$_2$

Número da amostra	C(Hg(NO)$_{32}$), M	C(KI), M	C(Na$_2$ SeSO$_3$), M	T, °C	t, horas.
1	0.007	0.03	0.007	20	24
2					36
3					48

Foi efectuada uma análise XRD à amostra de película obtida à temperatura ambiente (Fig. 3.48). A análise revelou que o filme é bifásico e consiste principalmente no composto ternário Hg I$_{32}$ Se$_2$, com uma quantidade menor de HgSe. As características cristalográficas dessas fases são fornecidas na Tabela 3.17, e os valores são consistentes com os encontrados na literatura [190-192]. Vale ressaltar que o composto Hg I$_{32}$ Se$_2$ também se formou a 95°C quando a concentração de selenosulfato de sódio, C(Na$_2$ SeSO$_3$), foi menor que 0,002 M.

O espetro ótico de transmissão da luz, $T(\lambda)$, da película foi examinado para comprimentos de onda entre 340 e 900 nm (Fig. 3.49). Nota-se um aumento na transmissão de luz por volta dos 400 nm. Na amostra de película de Hg I$_{32}$ Se$_2$ + HgSe, o espetro de transmissão ótica da luz apresenta dois saltos distintos (Fig. 3.49 a), que corroboram a natureza bifásica da amostra. O primeiro salto, que ocorre a cerca de 400 nm, corresponde ao HgSe, enquanto o segundo salto, a cerca de 500 nm, pode ser atribuído ao Hg I$_{32}$ Se$_2$. Os valores do bordo de absorção fundamental são 2,61 e 2,22 eV, respetivamente (Fig. 3.49 b).

118

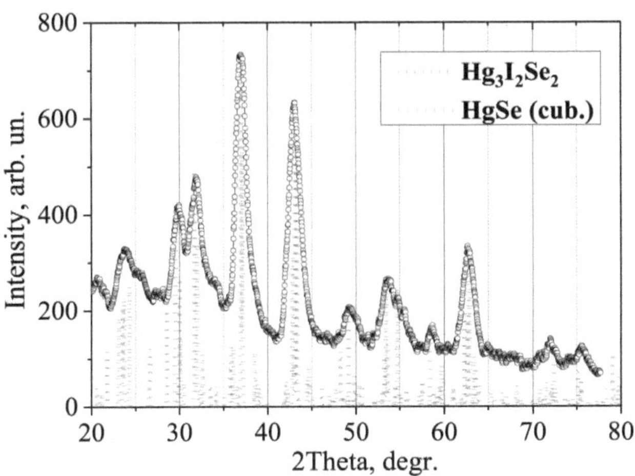

Fig. 3.48. O perfil experimental da estrutura da película de Hg I$_{32}$ Se$_2$ em comparação com as linhas teóricas do difractograma de Hg I$_{32}$ Se$_2$ e HgSe

Quadro 3.17

Características cristalográficas das fases nas películas de HgSe e (Hg I$_{32}$ Se$_2$ +HgSe)

Film e	Fase	ST	PS	SG	Parâmetro da célula			
					a, nm	b, nm	c, nm	β, degr.
HgSe	HgSe	ZnS	cF8	*F-43m*	0.60523(16)	-	-	-
Hg I$_{32}$ Se$_2$	Hg I$_{32}$ Se$_2$	Hg S$_{32}$ Br$_2$	mS 56	C12/m1	.9374(4)	0.9654(3)	1.0933(4)	116.67(2)
+ HgSe	HgSe	ZnS	cF8	*F-43m*	0.60523(16)	-	-	-

À temperatura ambiente, a amostra Hg I$_{32}$ Se$_2$ + HgSe (Tabela 3.18 *a-b*) apresenta-se homogénea e sólida. Com base nos resultados da microanálise, pode inferir-se que, durante o recozimento a 250 °C (Tabela 3.18 *c*), o iodo é libertado do volume da amostra e, subsequentemente, evapora-se da superfície. Após o recozimento a 300 °C (Tabela 3.18 *d*), a película adopta uma cor quase preta. As imagens microscópicas revelam que a superfície da película se tornou mais lisa. A microanálise indica que o mercúrio está a evaporar da amostra. A razão atómica do mercúrio, do iodo e do selénio corresponde a uma combinação de $Hg\,I_{32}\,Se_2$ + HgSe (Tabela 3.19). A 250 °C (Tabela 3.19 *c*), as amostras libertaram a maior parte do iodo, enquanto a 300 °C (Tabela 3.19 *d*), foi observada uma redução na quantidade de mercúrio, de acordo com a sua evaporação.

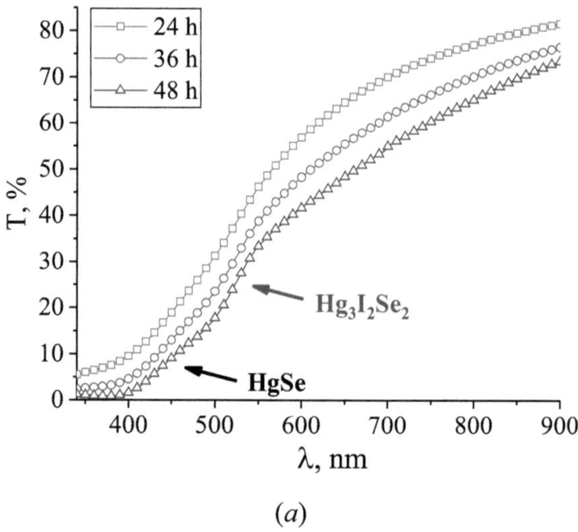

(*a*)

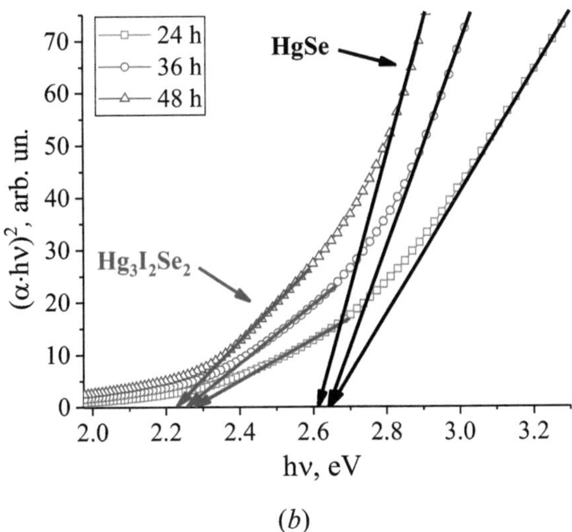

(b)

Fig. 3.49. Espectros de transmissão ótica (*a*) e de absorção (*b*) da película que contém a fase Hg I$_{32}$ Se$_2$ + HgSe

Morfologia da superfície das amostras de película a diferentes temperaturas de recozimento

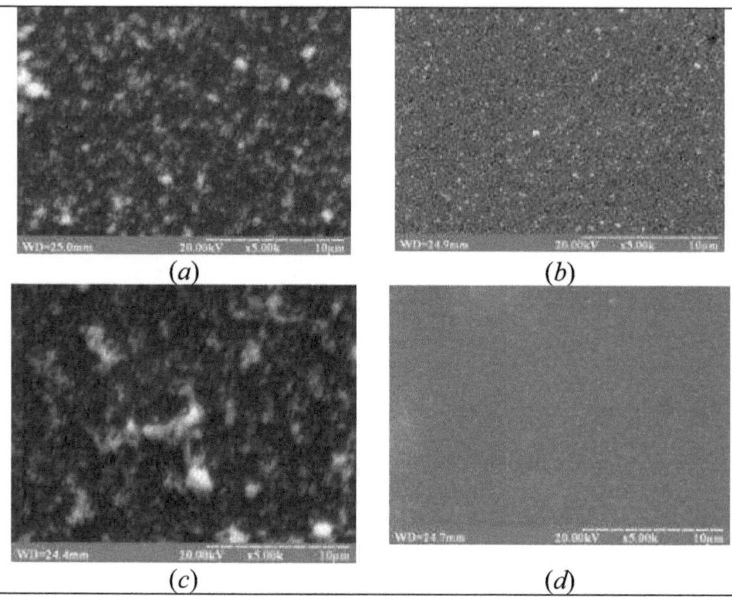

Quadro 3.19

Composição elementar das películas de Hg I$_{32}$ Se$_2$ +HgSe a diferentes temperaturas de recozimento

Filme	Elemento	% em peso	Em %.
Hg I$_{32}$ Se$_2$ +HgSe (b)	Hg	59.46	40.17
	I	15.02	16.02
	Se	25.52	43.81
Hg I$_{32}$ Se$_2$ +HgSe (c)	Hg	68.72	46.90
	I	1.74	1.88
	Se	29.54	51.22
Hg I$_{32}$ Se$_2$ +HgSe (d)	Hg	65.68	43.37
	I	1.50	1.57
	Se	32.82	55.06

Quadro 3.20

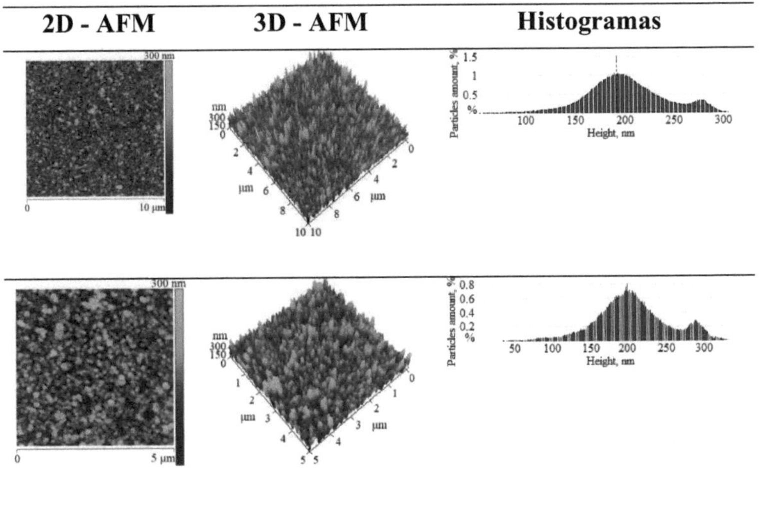

A análise das imagens AFM da superfície (Tabela 3.20) indica que esta está densamente povoada de grãos de forma irregular, com tamanhos individuais de partículas de 98 ± 18 nm. Os histogramas calculados da altura dos grãos de cristal revelam dois picos distintos, um a 190 nm e outro a 285 nm, com uma maior concentração de partículas no primeiro pico. Esta distribuição bimodal de tamanhos de partículas pode ser atribuída à agregação de partículas mais pequenas na superfície da película durante o processo de síntese.

3.15. Cd Hg$_{x1-x}$ Estruturas de Se

Para depositar quimicamente películas semicondutoras de Cd Hg$_{x1-x}$ Se, utilizámos soluções que incluem nitrato de mercúrio, nitrato de cádmio, tiossulfato de sódio como agente complexante, selenosulfato de sódio como agente calcogenizante e citrato trissódico como regulador de pH. As condições específicas de síntese estão descritas na Tabela 3.21.

Quadro 3.21

Composição e concentração das soluções para o CBD de películas de Cd Hg$_{x1-x}$ Se

C(Hg(NO)$_{32}$), M	C(Cd(NO)$_{32}$), M	C(Na S O$_{223}$), M	C(Na$_2$ SeSO), M	C(Na C H$_{3657}$) O, M	T, °C	t, min
0.005	0.05	1.0	0.05	1.0	20	180

Quadro 3.22

Características cristalográficas da fase na película de Cd Hg$_{x1-x}$ Se

Filme	Fase	ST	PS	SG	Parâmetro da célula		
					a, nm	*b*, nm	*c*, nm
Cd Hg$_{x1-x}$ Se	Cd Hg$_{x1-x}$ Se	ZnS	cF8	*F-43m*	0.6050(12)	-	-

A análise XRD da amostra de filme (Fig. 3.50) confirmou a presença de uma solução sólida de substituição. A análise revelou que a película é monofásica e compreende uma modificação cúbica do composto ternário Cd Hg$_{x1-x}$ Se. As características cristalográficas específicas são descritas em pormenor na Tabela 3.22.

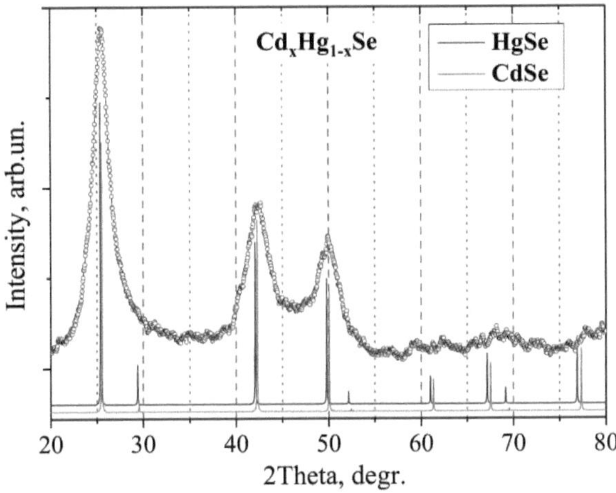

Fig. 3.50. O perfil experimental do Cd Hg$_{x1-x}$ filme de Se em comparação com as linhas teóricas do difractograma de HgSe e CdSe

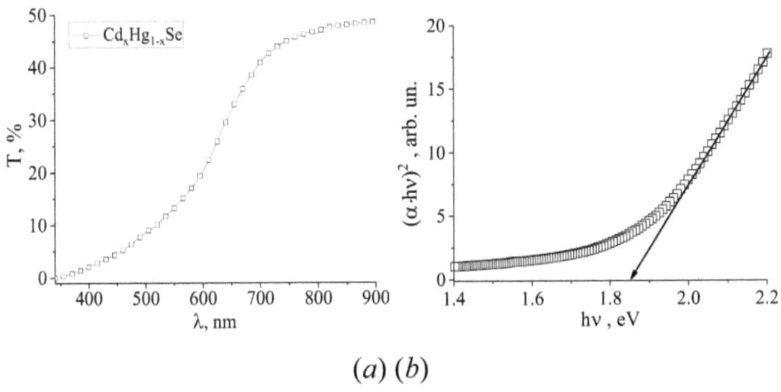

(a) (b)

Fig. 3.51. Espectros ópticos de transmissão (a) e absorção (b) da película Cd Hg$_{x1-x}$ Se

O espetro ótico de transmissão de luz, denotado como $T(\lambda)$, para o filme foi investigado para uma faixa de comprimentos de onda que vai de 340 a 900 nm, como mostrado na Figura 3.51 a. Um aumento na transmissão de luz é observado na região em torno de 600-700 nm. A dependência espetral nas coordenadas $(\alpha \cdot h\nu)^2$ - $h\nu$, exibida na Figura 3.51 b, permitiu a determinação da borda de absorção fundamental, que foi medida em 1,86 eV.

A superfície da película de Cd Hg$_{x1-x}$ Se, como ilustrado na Figura 3.52, apresenta uma textura lisa, homogénea e contínua. Cobre efetivamente a superfície do substrato e apenas estão presentes alguns defeitos superficiais.

Fig. 3.52 Morfologia da superfície da película de Cd Hg$_{x1-x}$ Se

Quadro 3.23

Resultados da microanálise da morfologia da superfície da película de Cd Hg$_{x1-x}$ Se

Superfície	Componente	% em peso	Em %.
Cd Hg$_{x1-x}$ Se	Cd	25.96	25.01
	Hg	31.95	17.25
	Se	42.09	57.74

A microanálise da superfície da película de Cd Hg$_{x1-x}$ Se, apresentada na Tabela 3.23, revela uma proporção quase estequiométrica de átomos de metal e de átomos de calcogénio, com um pequeno excesso de átomos de selénio.

3.16. Estruturas HgS/ZnS

As estruturas HgS/ZnS foram obtidas através da deposição de filmes de HgS em substratos com filmes de ZnS previamente depositados, utilizando cloreto de zinco, tiocarbamida, hidróxido de amónio e citrato trissódico, como descrito em [179]. A análise XRD da estrutura HgS/ZnS (Fig. 3.52) revelou tratar-se de uma estrutura trifásica contendo modificações de compostos cúbicos de ZnS, trigonais e cúbicos de HgS. Não foram encontradas outras fases ou soluções sólidas na estrutura HgS/ZnS.

O espetro de transmissão ótica da luz $T(\lambda)$ da estrutura ZnS/HgS na gama de comprimentos de onda de 250 a 900 nm foi estudado (Fig. 3.53 a). Observam-se dois saltos de transmitância de luz para a estrutura ZnS/HgS, indicando uma mistura de fases de sulfureto de zinco e sulfureto de mercúrio e confirmando os dados da análise XRD. As dependências espectrais de absorção nas coordenadas $(\alpha \cdot hv)^2$ - hv (Fig. 3.53 b) mostram a presença de duas dobras, o que confirma a presença de duas fases na amostra. Extrapolando as secções lineares das curvas de $(\alpha \cdot hv)^2$ para a intersecção com o eixo de energia, determinou-se o E_g das fases individuais, que se localizam nas regiões de 3,58 e 3,05 eV, correspondentes aos compostos ZnS e HgS, respetivamente [34, 84, 179].

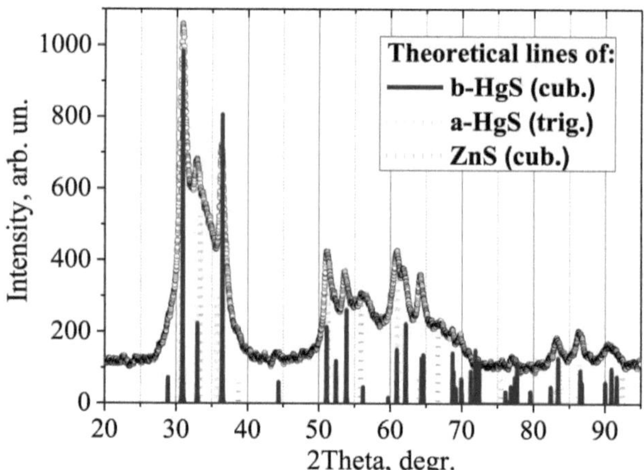

Fig. 3.52. O perfil experimental da estrutura da película de
HgS/ZnS em comparação com as linhas teóricas do difractograma de
HgS e ZnS

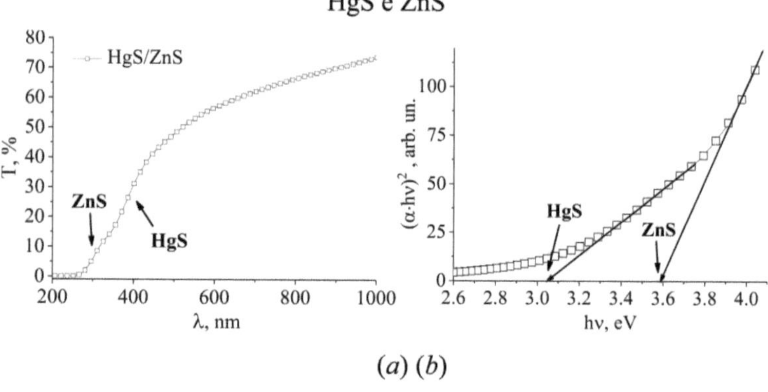

Fig. 3.53. Espectros de transmissão ótica (*a*) e de absorção (*b*) da estrutura
da película HgS/ZnS

O estudo da morfologia da superfície da estrutura HgS/ZnS (Fig. 3.54)
revela que esta é homogénea, contínua e cobre totalmente a camada de
película subjacente. A presença de cristais de sulfureto de mercúrio também
é observada na superfície.

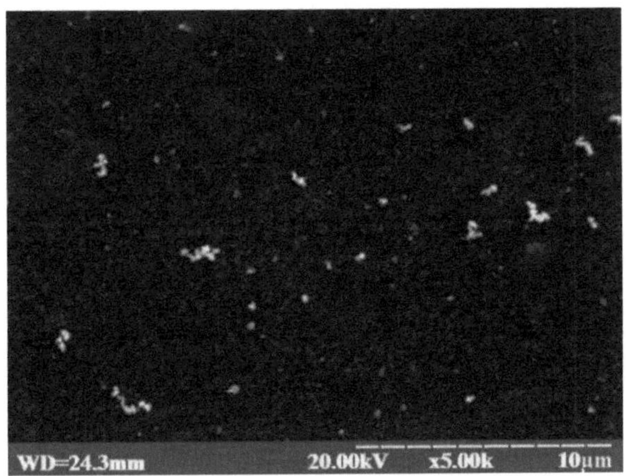

Fig. 3.54. Morfologia da superfície da estrutura da película de HgS/ZnS

A microanálise da estrutura HgS/ZnS (Tabela 3.24) indica que é constituída por proporções aproximadamente iguais de átomos de enxofre e uma combinação de átomos de zinco e mercúrio, com um ligeiro excesso de átomos metálicos.

Quadro 3.24

Resultados da microanálise da morfologia da superfície da estrutura da película de HgS/ZnS

Superfície	Componente	% em peso	Em %.
HgS/ZnS	Hg	80.06	42.36
	Zn	5.08	8.30
	S	14.86	49.34

3.17. HgS/CdS estruturas

A estrutura HgS/CdS foi fabricada depositando filmes de HgS em substratos com filmes de CdS que tinham sido previamente depositados na sua superfície. Para tal, utilizou-se sulfato de cádmio, tiocarbamida, hidróxido de amónio e citrato trissódico, seguindo as condições especificadas na Tabela 3.25. A análise XRD da estrutura HgS/CdS (Fig. 3.55) revelou a presença de modificações cúbicas e hexagonais de CdS, bem como a modificação cúbica de HgS.

Quadro 3.25

Condições de síntese das películas de CdS

C(CdSO$_4$), M	C(Na C H$_{3657}$) O, M	C((NH)$_{22}$ CS), M	C(NH$_4$ OH), M	T, °C	, min
0.1	0.5	1.0	14.28	85	20

Os dados de transmissão ótica de luz obtidos (Fig. 3.56 a) revelaram a presença de dois saltos de transmissão de luz que ocorrem em comprimentos de onda em torno de 350 e 450 nm. Além disso, a dependência espetral representada nas coordenadas $(\alpha \cdot h\nu)^2$ - $h\nu$ (Fig. 3.56 b) exibiu duas bordas distintas de absorção de luz posicionadas em níveis de energia de 2,50 e 3,03 eV. Estes valores são consistentes com os dados da literatura para compostos de CdS e HgS [34, 193], que constituem os componentes desta estrutura.

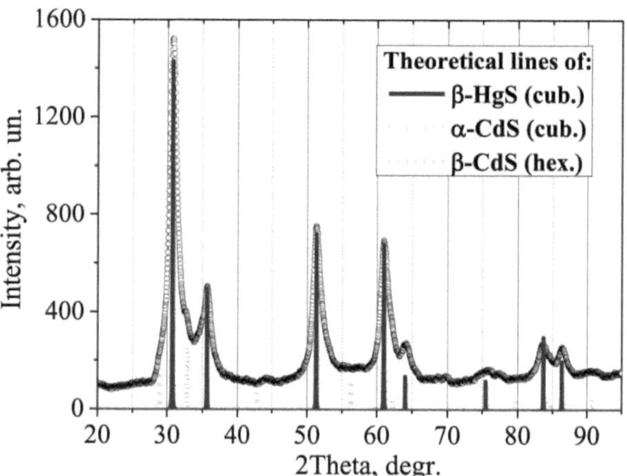

Fig. 3.55. O perfil experimental da estrutura da película de HgS/CdS em comparação com as linhas teóricas do difractograma de HgS e CdS

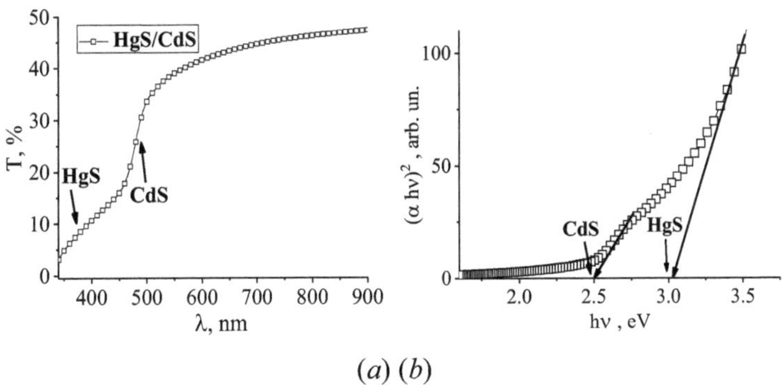

(*a*) (*b*)

Fig. 3.56. Espectros de transmissão ótica (*a*) e de absorção (*b*) da estrutura da película de HgS/CdS

A análise da morfologia da superfície da estrutura HgS/CdS (Fig. 3.57) indica que esta apresenta homogeneidade, continuidade e cobertura completa da camada anterior. Existem apenas alguns defeitos superficiais e observam-se algumas inclusões menores de conglomerados e microcristais.

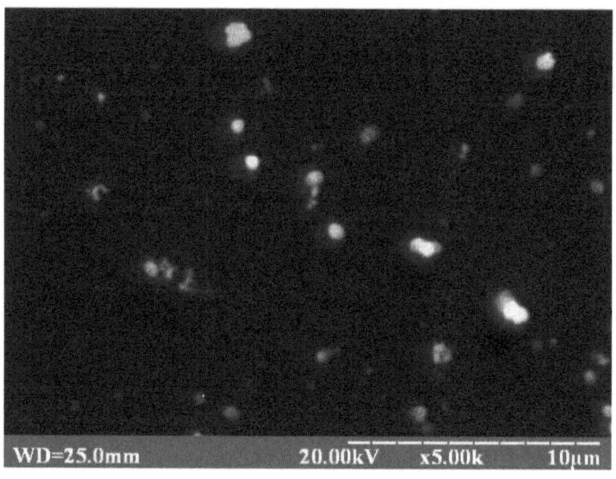

Fig. 3.57. Morfologia da superfície da estrutura da película de
HgS/CdS

Os dados de microanálise (Tabela 3.26) indicam um teor atómico
quase estequiométrico de Hg para Cd e S, com um ligeiro excesso de
átomos de calcogénio.

Quadro 3.26

**Resultados da microanálise da morfologia da superfície da
estrutura da película de HgS/CdS**

Superfície	Elemento	% em peso	Em %.
HgS/CdS	Hg	31.56	12.98
	Cd	48.42	35.53
	S	20.02	51.49

3.18. Estruturas HgSe/ZnS

As estruturas HgSe/ZnS foram criadas através da deposição de
películas de HgSe em substratos com películas de ZnS previamente
depositadas. Este processo de deposição envolveu a utilização de cloreto

de zinco, tiocarbamida, hidróxido de amónio e citrato trissódico. A análise XRD da estrutura HgSe/ZnS (Fig. 3.57) indicou a presença de dois compostos: a modificação cúbica do HgSe e a modificação cúbica do ZnS.

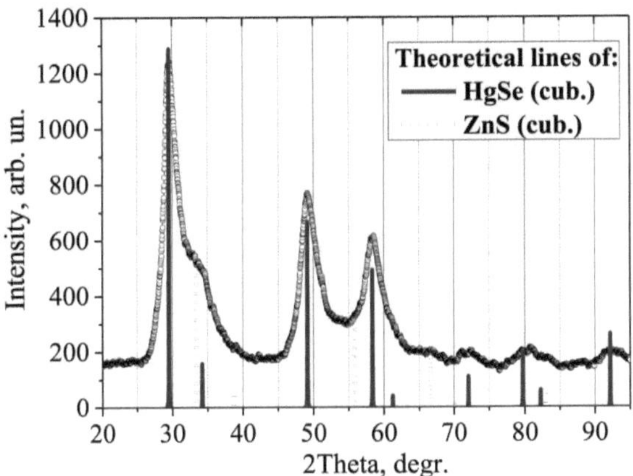

Fig. 3.57. O perfil experimental da estrutura da película de HgSe/ZnS em comparação com as linhas teóricas do difractograma de HgSe e ZnS

A curva de transmissão ótica de luz obtida (Fig. 3.58 *a*) exibiu dois saltos distintos, ocorrendo nos comprimentos de onda de 300 e 500 nm. A dependência de $(\alpha \cdot h\nu)^2$ - $h\nu$ (Fig. 3.58 *b*) revelou duas bordas de absorção de luz, que se situaram nas faixas de 2,54 e 3,60 eV. Estes valores são consistentes com os dados da literatura para os compostos HgSe e ZnS [33, 194], que constituem a estrutura.

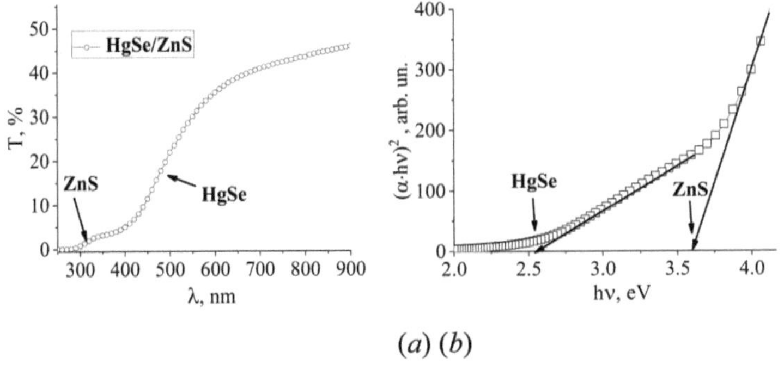

(a) (b)

Fig. 3.58. Espectros de transmissão ótica (*a*) e de absorção (*b*) da estrutura da película HgSe/ZnS

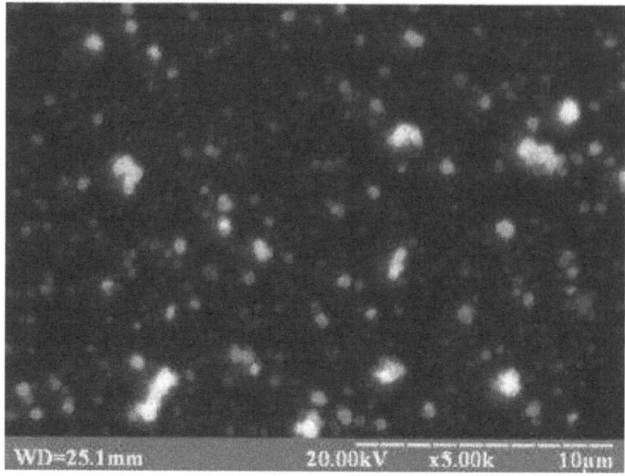

Fig. 3.59. Morfologia da superfície da estrutura da película de HgSe/ZnS

A análise da morfologia da superfície da estrutura HgSe/ZnS (Fig. 3.59) indica que esta é homogénea e contínua, cobrindo efetivamente a camada subjacente. Existem apenas alguns defeitos superficiais, juntamente com algumas inclusões menores de conglomerados e microcristais.

Os dados de microanálise (Tabela 3.27) indicam uma relação atómica quase estequiométrica de Zn para S e Hg para Se, com um ligeiro excesso de átomos de calcogénio.

Quadro 3.27

Resultados da microanálise da morfologia da superfície da estrutura da película de HgSe/ZnS

Superfície	Elemento	% em peso	Em %.
HgSe/ZnS	Hg	63.05	36.23
	Se	25.57	37.33
	Zn	7.90	13.93

3.19. Estruturas HgSe/CdS

A estrutura HgSe/CdS foi formada pela deposição de filmes de HgSe em substratos com filmes de CdS previamente depositados na sua superfície utilizando sulfato de cádmio, tiocarbamida, hidróxido de amónio e citrato trissódico [195]. A análise de XRD da estrutura HgSe/CdS (Fig. 3.60) revelou a presença de compostos com modificações cúbicas e hexagonais de CdS e modificação cúbica de HgSe.

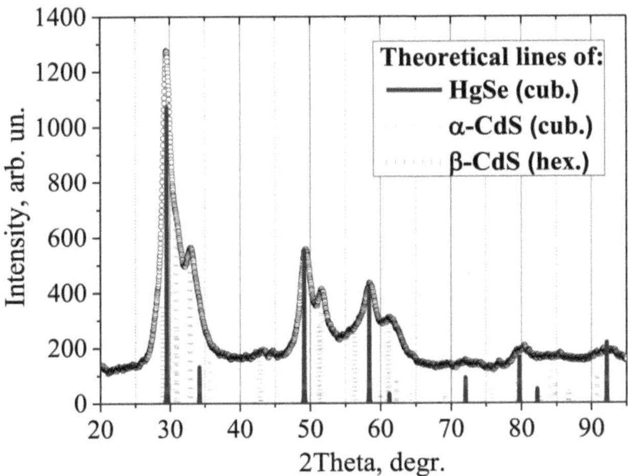

Fig. 3.60. O perfil experimental da estrutura da película de HgSe/CdS em comparação com as linhas teóricas do difractograma de HgSe e CdS

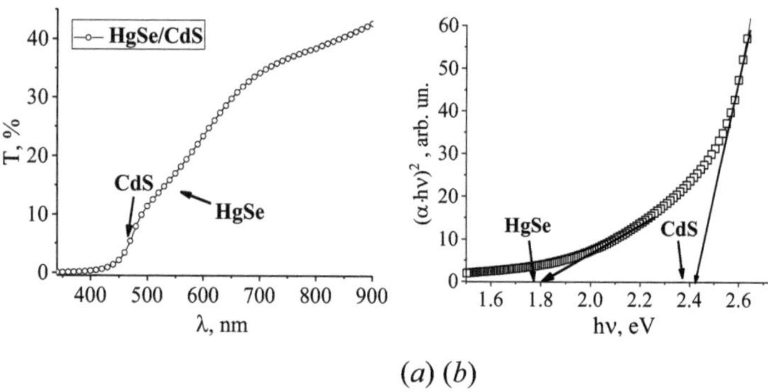

(a) (b)

Fig. 3.61. Espectros de transmissão ótica (a) e de absorção (b) da
estrutura da película de HgSe/CdS

A dependência da transmissão ótica de luz obtida (Fig. 3.61 *a*)
apresenta dois saltos nas regiões de comprimento de onda de 450 e 500
nm. A dependência $(\alpha \cdot hv)^2$ - hv exibe duas arestas de absorção de luz
localizadas nas regiões de 1,80 e 2,42 eV (Fig. 3.61 *b*), que correspondem
aos dados da literatura para os compostos de HgSe e CdS [33, 193] que
constituem a estrutura, respetivamente. Os resultados da análise da
morfologia da superfície da estrutura HgSe/CdS (Fig. 3.62) indicam que
esta é homogénea, contínua, cobre completamente a camada subjacente e
contém um pequeno número de defeitos superficiais, juntamente com
pequenas inclusões de conglomerados e microcristais.

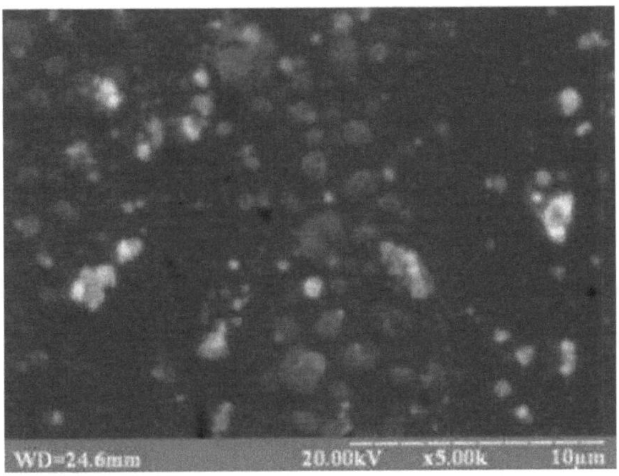

Fig. 3.62. Morfologia da superfície da estrutura da película de HgSe/CdS

Os dados de microanálise (Tabela 3.28) revelam uma composição atómica quase estequiométrica, com a razão entre Hg e Se e entre Cd e S quase equilibrada, juntamente com um ligeiro excesso de átomos metálicos.

Quadro 3.28

Resultados da microanálise da morfologia da superfície da estrutura da película de HgSe/CdS

Superfície	Elemento	% em peso	Em %.
HgSe/CdS	Hg	51.20	28.20
	Se	20.02	28.02
	Cd	22.48	22.09
	S	6.30	21.69

3.20. Estruturas CdS/CdSe e CdSe/CdS

As estruturas de CdSe/CdS e CdS/CdSe foram investigadas. Os difractogramas revelam picos correspondentes à fase cúbica de CdS (Fig. 3.63) e CdSe (Fig. 3.64). Adicionalmente, para comparação, são apresentados os difractogramas das fases cúbica e hexagonal. Para além dos picos principais, um número significativo de picos corresponde a uma mistura de duas fases estruturais (cúbica e hexagonal).

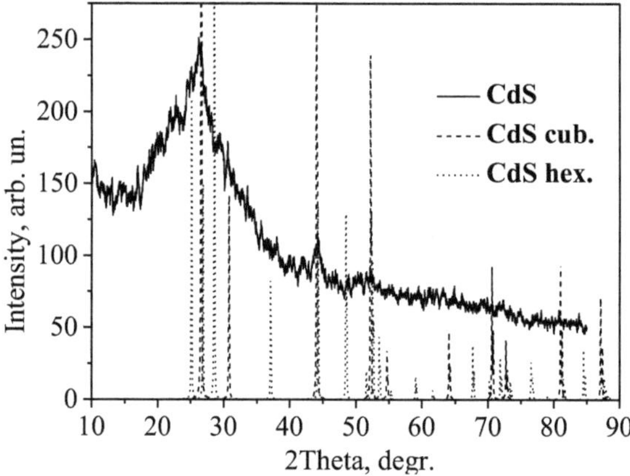

Fig. 3.63. Difractogramas de raios X das películas de CdS/CdSe

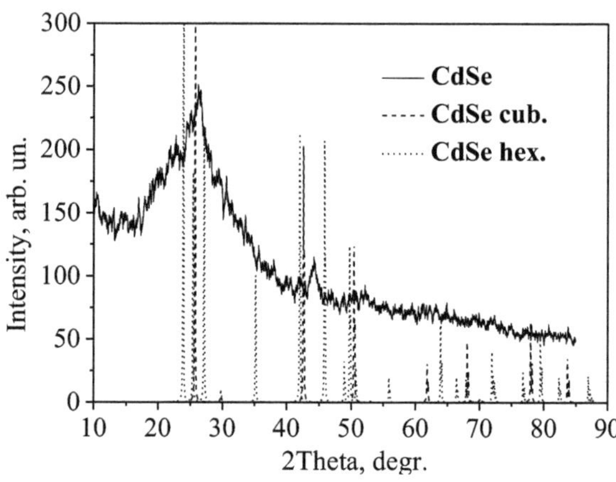

Fig. 3.64. Difractogramas de raios X das películas de CdSe/CdS

As Figuras 3.63 e 3.64 mostram que os filmes depositados são policristalinos. Independentemente da ordem de deposição (películas de sulfureto de cádmio sobre películas de seleneto de cádmio ou vice-versa), foram obtidas estruturas com as mesmas propriedades. Pode concluir-se que as películas são mutuamente insolúveis e que cada camada subsequente não perturba a anterior e não altera a estrutura. Foram estudados os espectros de transmitância ótica das estruturas obtidas (Fig. 3.65). Estas dependências indicam a presença de compostos de CdS e CdSe.

Para estas amostras, foi observado um aumento da transmitância quando se passa da região de ondas curtas para a região de ondas longas, semelhante aos filmes de CdS ou de CdSe. O valor máximo de absorção é observado para as estruturas CdSe/CdS (ou seja, quando o seleneto de cádmio é depositado sobre o sulfureto de cádmio). Atinge 67% na região de ondas curtas e 76% na região de ondas longas.

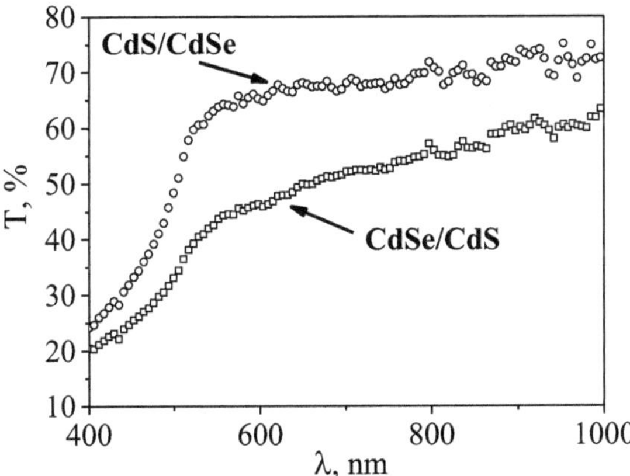

Fig. 3.65. Dependências espectrais da transmitância ótica para películas de CdS e CdSe em estruturas CdSe/CdS e CdS/CdSe

O exame da morfologia da superfície das estruturas (Fig. 3.66 e Fig. 3.67) revelou que as películas cobrem inteiramente o substrato. As micrografias indicam a presença de impurezas e defeitos na superfície. Além disso, os defeitos apresentam características semelhantes em ambas as estruturas.

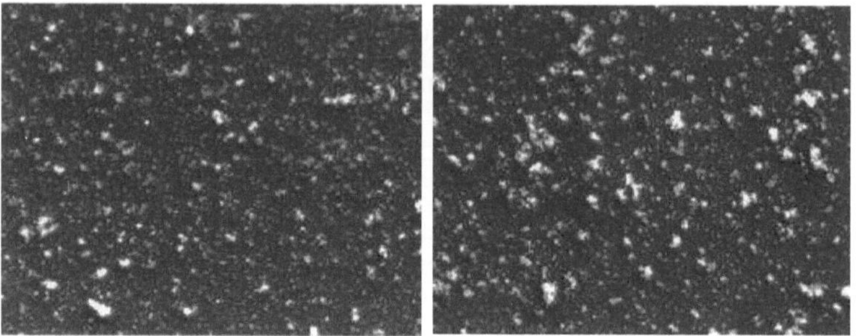

Fig. 3.66. Morfologia da superfície da estrutura da película de CdSe/CdS

Fig. 3.67. Morfologia da superfície da estrutura da película de CdS/CdSe

Por conseguinte, foi demonstrado que o método CSD oferece o potencial para sintetizar não só estruturas duplas, mas também uma via promissora para a criação de heteroestruturas ternárias, quádruplas e outras heteroestruturas complexas. As vantagens do CSD foram confirmadas. É evidente que a utilização do método CSD simplifica o processo de fabrico de heteroestruturas fotossensíveis e tem potencial para servir de base à produção em grande escala de SCs de película fina.

CAPÍTULO 4:
ESTRUTURAS FOTOSSENSÍVEIS BASEADAS EM PELÍCULAS FINAS DE SULFURETO DE CÁDMIO E SELENIETO DE CÁDMIO

4.1. Heteroestruturas baseadas na heterojunção Cd(S,Se)/Si

Os SCs baseados nas heterojunções CdS/Si, CdSe/Si e CdS/CdTe são dispositivos eficientes para a conversão de energia solar. Os cálculos teóricos indicam que o potencial destes SCs está longe de ser plenamente realizado, com a possibilidade de atingir eficiências de 28-30%. Para aumentar ainda mais a eficiência destas SC, são necessárias novas abordagens de fabrico. No entanto, continua a ser um desafio encontrar métodos económicos, simples e, portanto, acessíveis para depositar películas de semicondutores em superfícies microtexturizadas complexas. Por conseguinte, a investigação do processo de criação de heteroestruturas fotossensíveis baseadas em películas finas de CdS e CdSe obtidas através do método CSD, que se alinha totalmente com os parâmetros físicos necessários para utilização em SCs de película fina, é de grande interesse prático.

Uma abordagem para aumentar a eficiência das CS é fabricar elementos tridimensionais com superfícies intrincadas e microrrelevos específicos, que possam captar eficazmente a luz em diferentes ângulos de incidência. A eficácia das células solares tridimensionais na captação de quase toda a luz incidente é a chave para aumentar a sua eficiência, reduzindo as suas dimensões físicas, peso e complexidade mecânica, aumentando simultaneamente a sua área de superfície efectiva.

Para criar heteroestruturas CdS/Si e CdSe/Si, foram depositadas películas de sulfureto de cádmio e seleneto de cádmio em bolachas de silício microtexturizadas simuladas de Si(100). Os resultados da análise estrutural das películas de CdS em substratos de Si são apresentados na figura. Os difractogramas revelam que o pico n.º 1 corresponde à estrutura cúbica do sulfureto de cádmio, enquanto todos os outros picos correspondem à estrutura hexagonal do CdS. Estes resultados indicam que as películas são policristalinas. Após o processo de CSD de CdS e CdSe, os substratos semicondutores de Si são uniformemente cobertos em toda a área de trabalho, apresentando uma película contínua e homogénea. A película de CdS apresenta uma cor amarelo-esverdeada, caraterística do sulfureto de cádmio, enquanto a película de CdSe apresenta uma cor vermelho-alaranjada [196].

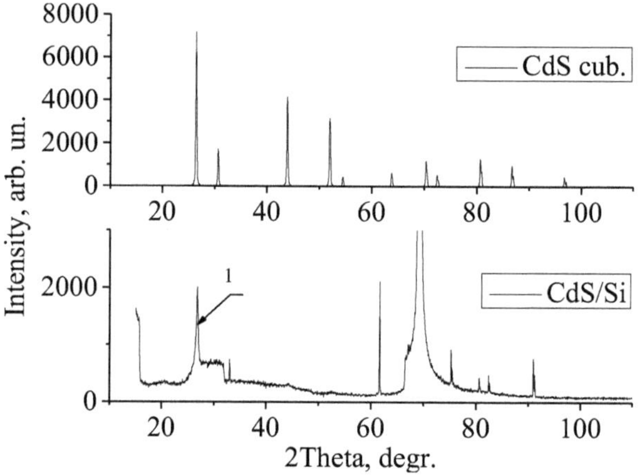

Fig. 4.1. Difractogramas de raios X das películas de CdS obtidas por CSD em substrato de Si

Os resultados do estudo da morfologia da superfície das películas de CdS e CdSe por microscopia eletrónica de varrimento são apresentados na Figura 4.2. Durante o processo de varrimento eletrónico, a carga induzida na superfície do silício foi efetivamente neutralizada pela baixa resistividade do silício, permitindo a obtenção de imagens nítidas da superfície e possibilitando investigações em vários ângulos de inclinação do substrato em relação ao feixe de varrimento. As películas depositadas reproduziram fielmente as microtexturas da superfície do substrato.

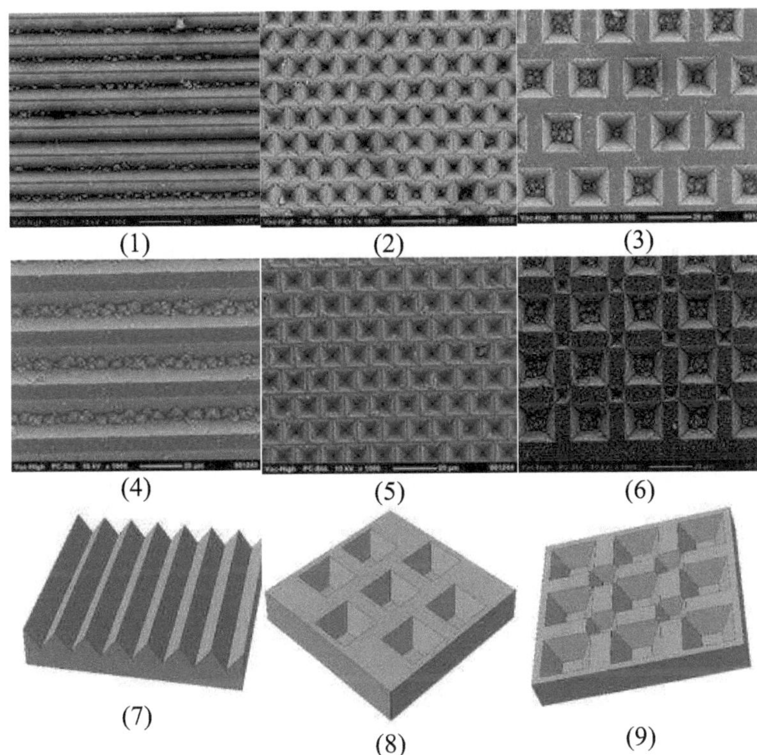

Fig. 4.2. Morfologia da superfície das películas de CdS (1, 2, 3); CdSe (4, 5, 6) em placas de Si(100) microtexturizadas e o modelo de relevo da superfície para comparação (7, 8, 9)

A composição elementar das películas depositadas foi examinada utilizando um analisador de microscópio eletrónico de varrimento por dispersão de energia (SEM) REM-106I. A análise revelou que as películas de CdS e CdSe apresentavam uma composição estequiométrica que era consistente em toda a área da amostra.

Observou-se que os macro-defeitos, sob a forma de poros e conglomerados de partículas, estavam presentes na superfície das películas contínuas. Uma análise comparativa da morfologia da superfície do substrato e da película depositada revelou que os poros estavam predominantemente localizados nos pontos em que os limites dos blocos de cristalitos do substrato intersectavam a superfície. A formação destes poros pode ser atribuída à distribuição não uniforme da temperatura, que influenciou o crescimento da película a partir da solução aquosa. Além disso, verificou-se que os macro-defeitos sob a forma de partículas nas superfícies das películas de sulfureto de cádmio e selenieto de cádmio foram identificados como partículas de CdS e CdSe com desvios da estequiometria.

Em conclusão, foi demonstrada a viabilidade da utilização de CSD para depositar películas semicondutoras de sulfureto de cádmio e selenieto de cádmio em substratos de silício microtexturizados. Este método permite a produção de películas contínuas e estequiométricas que não só cobrem totalmente as superfícies, como também reproduzem fielmente as características da superfície modelada.

4.2. Heteroestruturas baseadas na heterojunção CdS/CdTe

Para criar a heterojunção *n-CdS/p-CdTe*, foram depositadas películas de *n-CdS* na superfície de bolachas monocristalinas de *p-CdTe* utilizando o método CSD. Antes do processo CSD, as bolachas de CdTe foram submetidas a um polimento mecânico com pós abrasivos e foram tratadas com uma solução de bromo em álcool metílico absoluto para eliminar quaisquer perturbações da superfície.

A análise estrutural dos revestimentos de CdS em substratos de CdTe (Fig. 4.3) revela uma clara natureza policristalina dos revestimentos de CdS. O difractograma apresenta numerosos picos correspondentes a várias fases do composto. Estes resultados sugerem a presença de uma combinação de fases cúbicas e hexagonais.

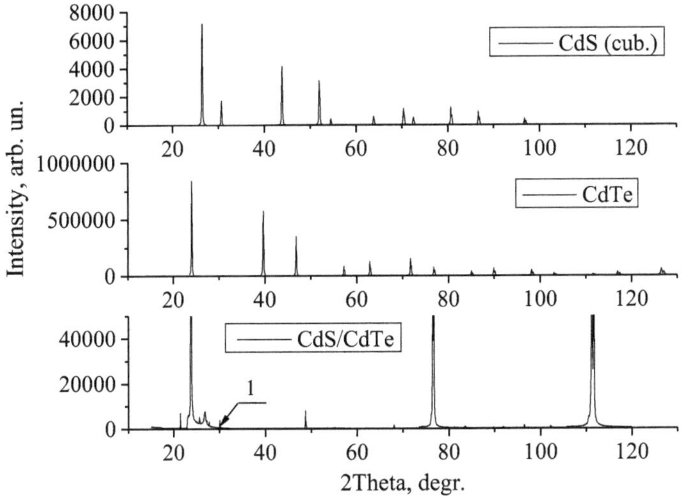

Fig. 4.3. Difractogramas de raios X das películas de CdS obtidas por CSD sobre substrato de CdTe

Devido à semelhança dos parâmetros de rede cristalina do CdTe e do CdS, as películas de CdS apresentam uma estrutura mais organizada em comparação com os substratos de silício. Após o processo CSD, os substratos semicondutores de CdTe foram uniformemente revestidos com uma película contínua de CdS, exibindo a cor amarelo-verde caraterística do sulfureto de cádmio. Os resultados da análise da morfologia da superfície das películas de CdS são apresentados na Fig. 4.4.

145

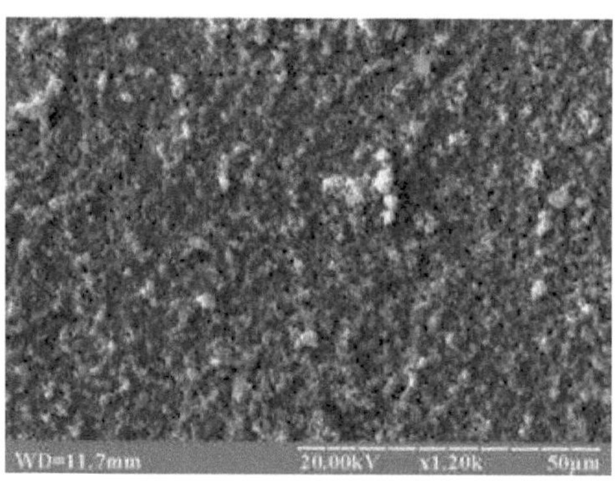

Fig. 4.4. Morfologia da superfície das películas de CdS sobre

substrato de CdTe

A composição elementar das películas de CdS em substratos de CdTe foi examinada como se mostra na Fig. 4.5. A análise revelou que estas películas finas policristalinas de CdS depositadas apresentavam uma composição estequiométrica consistente em toda a área da amostra. Estas películas pareciam ser compactas e tinham uma baixa concentração de defeitos, aproximadamente $\sim 10^7$ cm^{-2} , sob a forma de poros e conglomerados de partículas. É de salientar que os macro-defeitos na forma de poros apresentavam uma disposição ordenada. Além disso, foi determinado que os macro-defeitos na forma de partículas na superfície dos filmes de CdS eram partículas de CdS que apresentavam desvios da estequiometria.

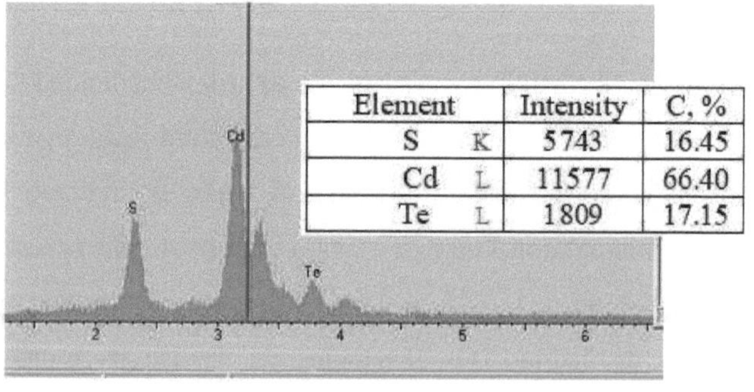

Element		Intensity	C, %
S	K	5743	16.45
Cd	L	11577	66.40
Te	L	1809	17.15

Fig. 4.5. Composição típica do elemento integrado de uma película
de CdS num substrato de CdTe

Foram medidas as características de corrente-tensão (CV) no escuro
e à luz, e foram investigadas as dependências espectrais da eficiência
quântica das heterojunções estabelecidas (HJs). Devido à natureza de
grande intervalo de banda do sulfureto de cádmio, as suas películas
apresentam valores de resistividade elevados. Para garantir a exatidão das
medições de CV, o processo foi realizado em duas fases. Na fase inicial,
foram utilizados voltímetros digitais como o V7-21 e o Shch300 para
determinar a ordem de resistividade dos HJs. Na fase seguinte, foram
utilizados sistemas controlados por computador, incluindo o UniLab e o
Vellemam.

A resistência dos HJs n-CdS/p-$CdTe$ resultantes é de
aproximadamente
$R_0 \approx 10^4$ - 10^5 Ω a T = 27 °C e é principalmente determinada pelas
características eléctricas dos substratos de p-$CdTe$. Isto é atribuído ao
facto de a resistividade dos substratos utilizados ser aproximadamente 2-
3 ordens de grandeza mais elevada do que o parâmetro correspondente
para as películas de n-CdS (R(CdS) $\approx 10^3$ Ω). A tensão de corte nas
estruturas n-CdS/p-$CdTe$, como ilustrado na Fig. 4.6, é de
aproximadamente $U_0 \approx 1,4$ V, o que corresponde de perto ao intervalo de
banda do telureto de cádmio.

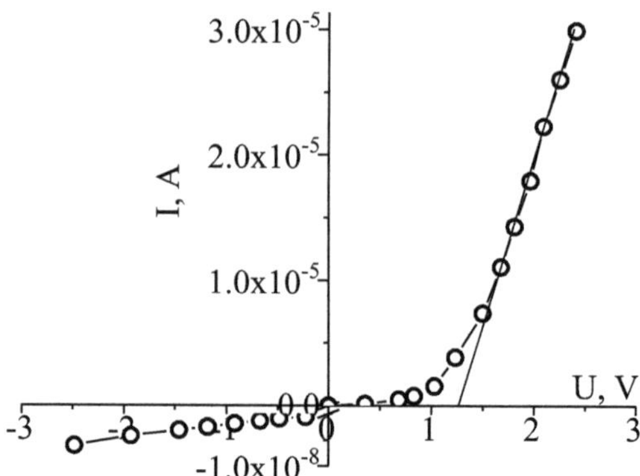

Fig. 4.6. A caraterística CV de n-CdS/p-CdTe HJ

Os ramos inversos dos CVs para as estruturas anisotrópicas são representados com precisão pela lei de potência IR~Um, onde a lei de potência, denotada por "m", é aproximadamente 1 para tensões U superiores a 2 V. Este comportamento é indicativo de tunelamento de portadores de carga ou é inerente a correntes com limitações espaciais de carga no regime de saturação de velocidade [197, 198]. O aumento observado na corrente inversa nas heterojunções anisotrópicas em estudo a tensões de polarização mais elevadas pode também ser atribuído a imperfeições na sua periferia.

As dependências espectrais típicas da eficiência quântica relativa da fotoconversão (a razão entre a corrente de curto-circuito e o número de fotões incidentes) $\eta(hv)$ para os HJ *n-CdS/p-CdTe* fabricados são ilustradas na Fig. 4.7. Estes espectros parecem bastante semelhantes para estruturas fabricadas em diferentes substratos, indicando um elevado grau de homogeneidade local nos substratos utilizados e a reprodutibilidade das propriedades das películas de CSD. Nomeadamente, estas heterojunções apresentam um aumento distinto e acentuado de η quando iluminadas por películas   de *películas de n-CdS*. Este aumento ocorre numa região espetral relativamente estreita de 1,4-1,5 eV e pode ser caracterizado por um valor de declive elevado, $S=\delta(ln\eta)/\delta(hv)$, aproximadamente 50-70 eV^{-1} . O máximo deste aumento é observado em torno de hvm≈1,5 eV, o que se alinha com as energias das transições interbanda directas para o CdTe [199-201].

A fotossensibilidade das estruturas fabricadas de *n-CdS/p-CdTe* mantém-se a um nível elevado numa vasta gama de energias de fotões quando iluminadas por *n-CdS*, como se mostra na Fig. 4.7. Esta elevada fotossensibilidade sustentada sugere que o método CSD utilizado para depositar películas finas de *n-CdS* na superfície de substratos de CdTe resulta numa heterojunção satisfatória. A redução em $\eta(hv)$ observada nos HJs *n-CdS/p-CdTe* fabricados começa em hv≥2,3 eV. Além disso, o perfil espetral de $\eta(hv)$ assemelha-se muito à dependência espetral da transmitância ótica das películas de *n-CdS* utilizadas para criar estas heterojunções. A largura espetral destes espectros $\eta(hv)$, medida a meia altura máxima, nas heteroestruturas fabricadas, é $\delta≈1,1-1,2$ eV, significativamente mais larga do que o parâmetro equivalente para as HJs de O_x /CdTe. Esta disparidade sugere um maior nível de perfeição nas estruturas fabricadas em comparação com as anteriormente conhecidas.

A Tabela 4.1 apresenta os principais parâmetros fotovoltaicos para as amostras de SC com melhor desempenho produzidas em substratos planos e texturizados. As SCs com uma superfície texturada apresentam uma eficiência superior às SCs planas. Esta vantagem pode ser atribuída à redução das perdas ópticas causadas por reflexões múltiplas da luz a partir dos bordos da superfície texturada, criando condições em que o percurso da luz no interior da CS não é perpendicular ao plano da heterojunção.

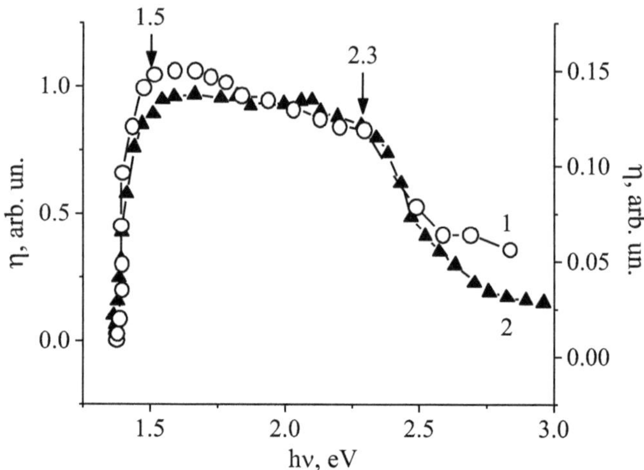

Fig. 4.7. Dependências espectrais da eficiência quântica relativa da fotoconversão para HJs *n-CdS/p-CdTe*. As curvas 1 e 2 representam amostras com diferentes espessuras de películas de CdS.

É evidente um aumento da eficiência em comparação com os SC planos, com uma melhoria de 25% (a eficiência aumenta de 7% para 9%).

Quadro 4.1

Principais parâmetros fotovoltaicos das melhores SCs CdS/CdTe planas e texturadas à temperatura ambiente

Tipo de substrato	R_p, Ω	R_{sh}, Ω	A	U_{oc}, V	J_{sc}, mA/cm^2	*ff*	η, %
Plano	7.18	141	5.75	0.61	22.6	0.51	7.03
Texturizado	2.28	204	1.57	0.54	24.5	0.68	8.96

Assim, foi demonstrada a utilização de CSD para aplicar películas semicondutoras *do tipo n* na superfície de monocristais de *p-CdTe*. Este método permite a produção de heterojunções de fotoconversão, especificamente *n-CdS/p-CdTe*, oferecendo a capacidade de converter

eficientemente a luz solar em energia eléctrica em substratos de grande
área.

REFERÊNCIAS

1. Andreev A.A. Síntese e algumas propriedades de cristais únicos de Zn Gd_{x1-x} S e ZnS_y Se_{1-y} Soluções sólidas / A.A. Andreev, M.F. Bulanyi, S.A. Golikov, L.A. Mozharovsikii // Russian Journal of Inorganic Chemistry. - 1995. - Vol. 40. - P. 1039-1042.

2. Knitter S. Der Chemische Transport von Mischkristallen in den Systemen MnS/ZnS, FeS/ZnS und FeS/MnS / S. Knitter, M. Binnewies // Zeitschrift für anorganische und allgemeine Chemie. - 1999. - Vol. 625, Iss. 9. - P. 1582-1588.

3. Block S. Round-Robin Study of the High Pressure Phase Transition in ZnS / S. Block // Ata Crystallographica, Section A. - 1978. - Vol. 34. - P. 316a.

4. Smith P.L. The high-pressure structures of zinc sulphide and zinc selenide / P.L. Smith, J.E. Martin // Physics Letters. - 1965. - Vol. 19, Iss. 7. - P. 541-543.

5. Bither T.A. Dicalcogenetos de Pirite de Metal de Transição. Síntese de alta pressão e correlação de propriedades / T.A. Bither, R.J. Bouchard, W.H. Cloud, P.C. Donohue, W.J. Siemons // Química Inorgânica. - 1968. - Vol. 7. - P. 2208-2220.

6. Kulakov M.P. Diagrama de fase e cristalização no sistema CdSe-ZnSe / M.P. Kulakov, I.V. Balyakina, N.N. Kolesnikov // Materiais inorgânicos. - 1989. - Vol. 25. - P. 1386-1389.

7. Andreev A.A. Poluchenie i nekotorie svoistva monokristallov tvyordikh rastvorov Zn Cd_{xix} S i ZnS_y Se_{iy} / A.A. Andreev, M.F. Bulanii, C.A. Golikov // Zhurnal neorganicheskoi khimii. - 1995. - T. 40, № 7. - P. 1079-1082.

8. Kannappan P. Estudos sobre propriedades estruturais e ópticas de monocristais de ZnSe e ZnSSe cultivados pelo método CVT / P.

Kannappan, R. Dhanasekaran // Journal of Crystal Growth. - 2014. - Vol. 401. - P. 691-696.

9. Agawane G.L. Non-toxic novel route synthesis and characterization of nanocrystalline $ZnS_x Se_{1-x}$ thin films with tunable band gap characteristics / G.L. Agawane,PW. Shin, S.A. Vanalakar, et al. // Materials Research Bulletin. - 2014. - Vol.55. - P. 106-113.

10. Liu J. Investigation of the ZnSxSe1-x thin films prepared by chemical bath deposition / J. Liu, A. Wei, M. Zhuang, Y. Zhao // Journal of Materials Science: Materiais em Eletrónica. - 2013. - Vol. 24(4). - P. 1348-1353.

11. Sadekar K. Bandgap engineering by substitution of S by Se in nanostructured $ZnS_{1-x} Se_x$ thin films grown by soft chemical route for nontoxic optoelectronic device applications / K. Sadekar, A. Ghule, R. Sharma // Journal of Alloys and Compounds. - 2011. - Vol. 509. - P. 5525-5531.

12. Sharma K. C. O sistema S-Zn (enxofre-zinco) / K. C. Sharma, Y. A. Chang // Journal of Phase Equilibria. - 1996. - Vol. 17, Iss. 3. - P. 261-266.

13. Sharma K. C. O sistema Se-Zn (selénio-zinco) / K. C. Sharma, Y. A. Chang // Journal of Phase Equilibria. - 1996. - Vol. 17, Iss. 2. - P. 155-160.

14. Parasyuk O.V. Diagrama de fases do sistema $Cu_2 GeSe_3$ -ZnSe e estrutura cristalina do composto $Cu ZnGeSe_{24}$ / O.V. Parasyuk, L.D. Gulay, Y.E. Romanyuk, L.V. Piskach // Journal of Alloys and Compounds. - 2001. - Vol. 329. - P. 202-207.

15. Elidrissi B. Estrutura, composição e propriedades ópticas de películas finas de ZnS preparadas por pirólise por pulverização / B. Elidrissi, M. Addoua, M Regragui, A. Bougrine, A Kachouane, J. Bernedeb //

Materials Chemistry and Physics. - 2001. - Vol. 68, Iss. 1-3. - P. 175-179.

16. Kuhaimi S. Propriedades estruturais, composicionais, ópticas e eléctricas das películas de Zn Cd$_{x1-x}$ S cultivadas em solução / S. Kuhaimi, Z. Tulbah // Journal of The Electrochemical Society. - 2000. - Vol. 147(1). - P. 214-218.

17. Sozanskyi M.A. Khimichne osadzhennia tonkykh plivok ZnS, CdS, HgS z vykorystanniam trynatrii tsytratu i yikh vlastyvosti / M.A. Sozanskyi, P.I. Shapoval // XIII Vseukrainska konferentsiia molodykh vchenykh ta studentiv z aktualnykh pytan suchasnoi khimii z mizhnarodnoiu uchastiu, Materialy konferentsii, Dnipropetrovsk, 19-21 travnia 2015. - Dnipropetrovsk: DNU im. Olesia Honchara. - P. 9-11.

18. Lyakishev N.P. Diagrammi sostoyaniya dvoinikh metallicheskikh sistem: Spravochnik: em 3 vol.: Vol. 1/ Pod obshch. red. N.P. Lyakisheva // M.: Mashinostroenie, 1996. - 992 p.

19. Susa K. Síntese a alta pressão de Cd-S do tipo sal-gema utilizando aditivos de sulfureto metálico / K. Susa, T. Kobayashi, S. Taniguchi // Journal of Solid State Chemistry, - 1980, vol. 33, P. 197-202.

20. Ohata K. Diagrama de fases do sistema pseudobinário Cd-S - Cd-Te / K. Ohata, J. Saraie, T. Tanaka // Japanese Journal of Applied Physics, - 1973, vol. 12(8), P. 1198-1204.

21. Sowa H. On the mechanism of the pressure-induced wurtzite- to (NaCl)-type phase transition in Cd-S: an X-ray diffraction study / H. Sowa // Solid State Sciences, - 2005, vol. 7, P. 73-78.

22. Mariano A.N. Fases de alta pressão de alguns compostos dos grupos II-VI / A.N. Mariano, E.P. Warekois // Science, - 1963, vol. 142, P. 672-673.

23. Sowa H. The high-pressure behaviour of Cd-Se up to 3 GPa and the orientation relations between its wurtzite- and NaCl-type modifications / H. Sowa // Solid State Sciences, - 2005, vol. 7, P. 1384-1489.

24. Sharma R.C. O sistema Hg-S (Mercúrio-Enxofre) / R.C. Sharma, Y.A. Chang, C. Guminski // Journal of Phase Equilibria. - 1993. - vol. 14. - № 1. - P. 100-109.

25. Sorokin V.I. Diagrama de fase P-T de HgS / V.I. Sorokin, S.S. Boksha, T.V. Ushakovskaya // Geokhimia - 1984. - vol. 1. - P. 132-136.

26. Tauson V.L. Investigação do Sistema ZnS-HgS pelo Método Hidrotermal / V.L. Tauson, M.G. Abramovich // Geokhimia - 1980. - vol. 6. - P. 808-820.

27. Potter R.W. Relações de fase no binário Hg-S / R.W. Potter, H.L. Barnes // Am. Mineral. - 1978. - vol. 63. - P. 1143-1152.

28. Huang T.L. High preassure polymorphs of mercury chalcogenides / T. Huang, A.L. Ruoff // Mater. Res. Soc. Sym. Proc. - 1984. - vol. 22. - P. 37-41.

29. Sharma R.C. O sistema Hg-Se (Mercúrio-Selénio) / R.C. Sharma, Y.A. Chang, C. Guminski // Journal of Phase Equilibria. -1992. - vol. 13. - № 6. - P. 663-671.

30. Leute V. Os quatro diagramas de fase quasibinários do sistema quasitemário (Hg,Pb)-(Se,Te) / V. Leute, H.J. KÖller // Z. Phys. Chem. NeueFolge. - 1986. - vol. 149. - P. 213-227.

31. Huang T.L. Pressure-induced phase transition of HgSe / T. Huang, A.L. Ruoff // Phys. Rev. B. - 1983. - vol. 27. - P. 7811-7812.

32. Huang T.L. High-pressure induced phase transitions in Hg chalcogenides / T.L. Huang, A.L. Ruoff // Phys. Rev. B. - 1985. - vol. 31. - P. 5976-5983.

33. Bhuse V. M. Propriedades estruturais, ópticas e eléctricas de filmes finos de ligas semicondutoras de Hg(SSe) nanocristalinas / V. M. Bhuse // Scholars research library. - 2001. - vol. 3(5). - P. 339-349.

34. Najdoski M.Z. Chemical bath deposition of mercury(II) sulfide thin layers / M.Z. Najdoski, I.S. Grozdanov, S.K. Dey, B.B. Siracevska // J. Mater. Chem. - 1998. - vol. 8(10). - P. 2213-2215.

35. Chattarki A.N. Síntese, estrutura e estudos espetro-microscópicos de películas finas policristalinas de Hg Pb_{x1-x} S cultivadas por uma via química / A.N. Chattarki, N.N. Maldar, L.P. Deshmukh // Journal of Alloys and Compounds. - 2014. - vol. 597. - P. 223-229.

36. Lendave S.A. Optical and microstructural properties of chemically deposited mercury cadmium sulphide thin films / S.A. Lendave, L.P. Deshmukh // Elektronnaya obrabotka materialov. - 2010. - № 5. - C. 77-84.

37. Jain M. Variação do band-gap em filmes de ligas ternárias / M. Jain // Philosophical Magazine Letters. - 1988. - vol. 58. - № 1. - P. 59-62.

38. Gordillo G. Optical characterization of $Cd(S_x ,Te_{1-x})$ thin films deposited by evaporation / G. Gordillo, F. Rojas, C. Calderón // Superficies y Vacio. - 2003. - V.16, №3. - P. 30-33.

39. Belyaev A.P. Vliyanie rezko neravnovesnikh uslovii na stekhiometriyu sostava sloya tellurida kadmiya, kondensiruemogo iz parovoi fazi / A.P. Belyaev, V.P. Rubets, M.Yu. Nuzhdin, I.P. Kalinkin // Fizika i tekhnika poluprovodnikov. - 2003. - Vol.37, Vyp.6. - P. 641-643.

40. Tecnologia do plenário do tónico (tecnologia de ponta) / Pod. Red. L. Maissela, R. Glenga. Per. s angl. pod. red. M.I. Yelinsona, G.G. Smolko. - M.: "Sov. radio", 1977. - Vol.1. - 664 p.

41. Sluchinskaya I.A. Osnovi materialovedeniya i tekhnologii poluprovodnikov / I.A. Sluchinskaya // M.: MIFI, 2002. - 380 p.

42. Kumar V. ZnSe sintered films: growth and characterization / V. Kumar, K.L.A. Khan, G. Singh et al. // Applied Surface Science. - 2007. - Vol.25, №3, Issue 7 - P.3543-3546.

43. Sirohi S. Optical, structural and electrical properties of CdTe sintered films / S. Sirohi, V. Kumar, T.P. Sharma // Optical Materials. - 1999. - Vol.12, №1. - P.121-125.

44. Pouzet J. Preparação e caraterização de películas finas de disseleneto de tungsténio / J. Pouzet, J.C. Bernede, A. Khellil, H. Essaidi, S. Benhida // Thin Solid Films. - 1992. - 208. - P. 252-259.

45. Mitzithra C. CdSe semiconducting layers produced by pulse electrolysis / C. Mitzithra, S. Hamilakis, C. Kollia, Z. Loizos // Fizika i tekhnika poluprovodnikov. - 2012. - Vol. 46 (5). - P. 633-636.

46. Sasikala G. Modificação do aparelho de deposição por banho químico, crescimento e caraterização de películas finas semicondutoras de CdS para aplicações fotovoltaicas / G. Sasikala, P. Thilakan, C. Subramanian // Solar Energy Materials & Solar Cells. - 2000. - 62. - P. 275-293.

47. Erkan M.E. Effect of flow dynamics on the growth kinetics of CdS thin films in chemical bath deposition / M.E. Erkan, M.H.-C. Jin // Química e Física dos Materiais. - 2012. - Vol. 133. - P. 779- 783.

48. Khallaf H. Characterization of CdS thin films grown by chemical bath deposition using four different cadmium sources / H. Khallaf, I.O. Oladeji, G. Chai, L. Chow // Thin Solid Films. - 2008. - Vol. 516. - P. 7306-7312.

49. Cao M. Efeitos dos sais de cádmio na estrutura, morfologia e propriedades ópticas de películas finas de CdS depositadas em banho químico ácido / M. Cao, Y. Sun, J. Wu, X. Chen, N. Dai // Journal of Alloys and Compounds. - 2010. - Vol. 508. - P. 297-300.

50. Barote M.A. Síntese, caraterização e propriedades fotoelectroquímicas de filmes finos de n-CdS / M.A. Barote, A.A. Yadav, E.U. Masumdar // Physica B. - 2011. - Vol. 406. - P. 1865-1871.

51. Mahdi M.A. Propriedades estruturais e ópticas de películas finas de CdS nanocristalino preparadas através de deposição por banho químico assistido por micro-ondas / M.A. Mahdi, Z. Hassan, S.S. Ng, J.J. Hassan, S.K.M. Bakhori // Thin Solid Films. - 2012. - Vol. 520. - P. 3477-3484.

52. Deshpande M.P. Espectroscopia e estudo estrutural de filmes finos de CdSe depositados por deposição química em banho / M.P. Deshpande, N. Garg, S.V. Bhatt, P. Sakariya, S.H. Chaki // Advanced Materials Letters. - 2013. - P. 1-13.

53. Khallaf H. Otimização de películas finas de CdS depositadas por banho químico utilizando ácido nitrilotriacético como agente complexante / H. Khallaf, I.O. Oladeji, L. Chow // Thin Solid Films. - 2008. - Vol. 516. - P. 5967-5973.

54. Jaber A.Y. CdS thin films growth by ammonia free chemical bath deposition technique / A.Y. Jaber, S.N. Alamri, M.S. Aida // Thin Solid Films. - 2012. - Vol. 520. - P. 3485-3489.

55. Deshpande M.P. Caracterização de películas finas de CdSe depositadas por soluções de banho químico contendo trietanolamina / M.P. Deshpande, N. Garg, S.V. Bhatt, P. Sakariya, S.H. Chaki // Ciência dos Materiais no Processamento de Semicondutores. - 2013. - Vol. 16. - P. 915-922.

56. Zhao Y. Síntese e caraterização de filmes finos nanocristalinos de CdSe depositados por deposição de banho químico / Y. Zhao, Z. Yan, J. Liu, A. Wei // Ciência dos Materiais no Processamento de Semicondutores. - 2013. - Vol. 16. - P. 1592-1598.

57. Racheva T.M. Filmes finos de CdSe obtidos pelo método de deposição química com selenureia / T.M. Racheva, I.D. Dragieva, D.H. Djoglev, P.P. Dimitrova // Thin Solid Films. - 1973. - Vol. 17. - P. 85-91.

58. Kendre D.R. Synthesis and characteristics of lead cadmium selenide thin films / D.R. Kendre, A.R. Pawar, V.B. Pujari // Applied research and development institute journal. - 2013. - Vol. 7 (10). - P. 76-84.

59. Liu Q.Q. Estudo morfológico e estequiométrico de filmes de CdS depositados por banho químico variando a concentração de amoníaco / Q.Q. Liu, J.H. Shi, Z.Q. Li et. all // Physica B. - 2010. - Vol. 405. - P. 4360-4365.

60. Hiie J. Thermal annealing effect on structural and electrical properties of chemical bath-deposited CdS films / J. Hiie, K. Muska, V. Valdna et. all // Thin Solid Films. - 2008. - Vol. 516. - P. 7008-7012.

61. Kong L. Um estudo comparativo dos efeitos do recozimento térmico sob várias atmosferas em filmes finos de CdS nano-estruturados preparados por CBD / L. Kong, J. Li, G. Chen, C. Zhu, W. Liu // Journal of alloys and compounds. - 2013. -P. 1-27.

62. Moure-Flores F. Efeito da imersão em $CdCl_2$ e recozimento nas propriedades físicas de CdS: filmes crescidos por CBD / F. de Moure-Flores, K.E. Nieto-Zepeda, A. Guillen-Cervantes et. all // Journal of Physics and Chemistry of Solids. - 2013. - Vol. 74. - P. 611-615.

63. Ahmad F.R. Effect of thermal annealing on the properties of cadmium sulfide deposited via chemical bath deposition / F.R. Ahmad, A. Yakimov, R.J. Davis et. all // Thin Solid Films. - 2013. - Vol. 535. - P. 166-170.

64. Asogwa P.U. Optical and structural properties of chemical bath deposited CdSe nanoparticle thin films for photovoltaic applications / P.U. Asogwa // Journal of Non-Oxide Glasses. - 2010. - Vol. 2 (4). - P. 183-189.

65. Ugwu E.I. Otimização das propriedades ópticas de películas finas de seleneto de cádmio (CdSe) recozidas, obtidas através da técnica de deposição por banho químico / E.I. Ugwu, H.U. Igwe, D.U. Onah, N.N. Nwafor // Advances in Physics Theories and Applications. - 2013. - Vol. 18. - P. 9-14.

66. Al-Hussam A.M.A. Síntese, estrutura e propriedades ópticas de nanopartículas de filmes finos de CdS preparados pela técnica de banho químico / A.M.A. Al-Hussam, S.A.-J. Jassim // Journal of the Association of Arab Universities for Basic and Applied Sciences. - 2012. - Vol. 11. - P. 27-31.

67. Pérez-Hernández G. A comparative study of CdS thin films deposited by different techniques / G. Pérez-Hernández, J. Pantoja-Enríquez, B. Escobar-Morales et. all // Thin Solid Films. - 2013. - Vol. 535. - P. 154-157.

68. Shaikh S.U. Effects of air annealing on CdS quantum dots thin film grown at room temperature by CBD technique intended for photosensor applications / S.U. Shaikh, D.J. Desale, F.Y. Siddiqui et. all // Materials Research Bulletin. - 2012. - Vol. 47. - P. 3440-3444.

69. Liu F. Characterization of chemical bath deposited CdS thin films at different deposition temperature / F. Liu, Y. Lai, J. Liu et. all // Journal of Alloys and Compounds. - 2010. - Vol. 493. - P. 305-308.

70. Zhou L. Efeitos da temperatura de deposição no desempenho de películas de CdS com deposição por banho químico / L. Zhou, X. Hu, S. Wu // Surface and Coatings Technology. - 2013. - Vol. 228. - P. S171-S174.

71. Girija K. Estudos estruturais, morfológicos e ópticos de películas finas de CdSe em banho de amoníaco / K. Girija, S. Thirumalairajan, S.M. Mohan, J. Chandrasekaran // Chalcogenide Letters. - 2009. - Vol. 6 (8). - P. 351 - 357.

72. Moualkia H. Propriedades estruturais e ópticas de películas finas de CdS obtidas por deposição por banho químico / H. Moualkia, S. Hariech, M.S. Aida // Thin Solid Films. - 2009. - Vol. 518. - P. 1259-1262.

73. Toda Y.R. Propriedades estruturais e ópticas de películas finas de CdSe depositadas pela técnica de deposição por banho químico / Y.R. Toda, K.S. Chaudhari, A.B. Jain, D.N. Gujarathi // Asian Journal of Chemical and Environmental Research. - 2011. - Vol. 4 (1). - P. 40-43.

74. Okereke N.A. Influência da espessura nas propriedades estruturais e ópticas de filmes finos de seleneto de cádmio / N.A. Okereke, A.J. Ekpunobi // Advances in Applied Science Research. - 2012. - Vol. 3 (3). - P. 1244-1249.

75. Chen F. Effects of supersaturation on CdS film growth from dilute solutions on glass substrate in chemical bath deposition process / F. Chen, W. Jie, X. Cai // Thin Solid Films. - 2008. - Vol. 516. - P. 2823-2828.

76. Vorokh A.S. Formação de nanofilme de sulfureto de cádmio (CdS) numa camada precursora de $Cd(OH)$ /SiO_{22} / A.S. Vorokh, N.S. Kozhevnikova, A.A. Rempel, and A. Magerl // Journal of Structural Chemistry. - 2010. - Vol. 51 (6). - P. 1170-1175.

77. Samantilleke A.P. Characterisation of chemical bath deposited CdS thin films on different substrates using electrolyte contacts / A.P. Samantilleke, M.F. Cerqueira, S. Heavens et. all // Thin Solid Films. - 2011. - Vol. 519. - P. 7583-7586.

78. Cao M. Influência dos substratos nas propriedades estruturais e ópticas das películas de CdS depositadas quimicamente sem amoníaco / M. Cao, L. Li, B.L. Zhang et. all // Journal of Alloys and Compounds. - 2012. - Vol. 530. - P. 81- 84.

79. Ravichandran K. Investigações sobre as propriedades microestruturais e ópticas de filmes de CdS fabricados por uma técnica de pulverização simplificada e de baixo custo utilizando um atomizador de perfume para aplicações em células solares / K. Ravichandran, P. Philominathan // Solar Energy. - 2008. - Vol. 82. - P. 1062-1066.

80. Chamberlin R.R. Chemically sprayed thin film photovoltaic converters / R.R. Chamberlin, J.S. Skarman // Solid-State Electronics. - 1966. - Vol. 9. p. 819-823.

81. Naumov A.V. Properties of CdS films prepared from thiourea complexes of cadmium salts / A.V. Naumov, V.N. Semenov, E.G. Goncharov // Inorganic Materials. - 2001. - Vol. 37, No. 6. - P. 539-543.

82. Perakh M. Deposição de película fina de HgS a partir de solução coloidal / M. Perakh, H. Ginsburg // Thin solid films. - 1978. - vol. 52. - P. 195-202.

83. Sharma N. C. Solution growth of variable gap Pb Hg_{1-xx} S films for infrared detectors / N.C. Sharma, D.K. Pandya, H.K. Sehgal, K.L. Chopra // Mat. Res. Bull. - 1976. - vol. 11. - P. 1109-1114.

84. Pawar S.M. Recent status of chemical bath deposited metal chalcogenide and metal oxide thin films / S.M. Pawar, B.S. Pawar, J.H. Kim, Oh-Shim Joo, C.D. Lokhande // Current Applied Physics. - 2011. - vol. 11. - P. 117-161. (doi:10.1016/j.cap.2010.07.007).

85. Mane R.S. Chemical deposition method for metal chalcogenide thin films / R.S. Mane, C.D. Lokhande // Materials Chemistry and Physics. - 2000. - vol. 65. - P. - 1-31.

86. Patil R.S. Successive ionic layer adsorption and reaction (SILAR) trend for nanocrystalline mercury sulfide thin films growth / R.S. Patil, C.D. Lokhande, R.S. Mane, H.M. Pathan, Oh-Shim Joo, Sung-Hwan

Han // Materials Science and Engineering B. - 2006. - vol. 129. - P. 59-63. (doi: 10.1016/j.mseb.2005.12.027).

87. Mu J. Growth and Characterization of β-HgS Thin Films by Annealing Hg^{2+} -Dithiol Self-Assembled Multilayers / J. Mu, Yu. Zhang, Ya. Wang // Jornal de Ciência e Tecnologia da Dispersão. - 2005. - vol. 26. - P. 641-644. (DOI: 10.1081/DIS-200057692)

88. Starikov V.V. Morfologia da superfície e propriedades ópticas das películas de CdSe obtidas pela técnica de sublimação em vácuo a curta distância / V.V. Starikov, M.M. Ivashchenko, A.S. Opanasyuk, V.L. Perevertaylo // J. Nano- Electron. Phys. - 2009. - Vol. 1 (4). - P. 119-126.

89. Catalano A. Tecnologias de película fina policristalina: Status and prospects / A. Catalano // Solar Energy Materials and Solar Cells. - 1996. - Vol.41-42. - P. 205-217.

90. Sarmah K. Características de resposta espetral das propriedades fotoelectrónicas de películas finas de CdSe evaporadas no vácuo / K. Sarmah, R. Sarma, H.L. Das // Journal of Non-oxide Glasses. - 2009. - Vol. 1 (2). - P. 131-141.

91. Tewari S. Frequency dependant conduction in thermally evaporated CdS thin films / S. Tewari, A. Bhattacharjee // International journal of innovative research & development. - 2012. - Vol. 1 (7). P. 240-252.

92. Babkair S.S. Charge transport mechanisms and device parameters of CdS/CdTe solar cells fabricated by thermal evaporation / S.S. Babkair // Journal of King Abdulaziz University: Science. - 2010. - Vol. 22 (1). P. 21-33.

93. Thomail M.N. Estudo das propriedades ópticas de películas finas de CdS preparadas pela técnica de evaporação térmica em vácuo com diferentes espessuras / M.N. Thomail // Journal of university of Anbar for Pure science. - 2012. - Vol. 6 (1). P. 57-60.

94. Naji I.S. Study of annealing-indduced changes in structural and electrical properties of CdS and CdS:Al thin films / I.S. Naji // Indian journal of applied research. - 2013. - Vol. 3 (2). P. 343-346.

95. Georgobiani A.N. Structure and electrical conductivity of selenium ion implanted CdSe films / A.N. Georgobiani, B.N. Levonovich, and I.Kh. Avetisov // Inorganic Materials. - 2010. - Vol. 46 (6). - P. 598-600.

96. Sharma K. Modificação induzida por dopagem com índio das propriedades estruturais, ópticas e eléctricas de películas finas nanocristalinas de CdSe / K. Sharma, A.S. Al-Kabbi, G.S.S. Saini, S.K. Tripathi // Journal of Alloys and Compounds. - 2013. - Vol. 564. - P. 42-48.

97. Shyju T.S. Síntese solvotérmica, deposição e caraterização de filmes finos de seleneto de cádmio (CdSe) pela técnica de evaporação térmica / T.S. Shyju, S. Anandhi, R. Indirajith, R. Gopalakrishnan // Journal of Crystal Growth. - 2011. - Vol. 337. - P. 38-45.

98. Baban C. On the optical properties of polycrystalline CdSe thin films / C. Baban, G.I. Rusu, P. Prepelita // Journal of Optoelectronics and Advanced Materials. - 2005. - Vol. 7 (2). - P. 817-821.

99. Kathirvel D. Propriedades estruturais, eléctricas e ópticas de películas finas de CdS por deposição por evaporação no vácuo / D. Kathirvel, N. Suriyanarayanan, S. Prabahar, S. Srikanth // Journal of Ovonic Research. - 2011. - Vol. 7 (4). P. 83-92.

100. Levonovich B.N. Annealing atmosphere effect on the processes of recrystallization of polycrystalline films of cadmium selenide / B.N. Levonovich // Journal of Surface Investigation. Técnicas de Raios X, Sincrotrão e Neutrões. - 2010. - Vol. 4 (1). - P. 128-135.

101. Sarmah K. Ativação da mobilidade em películas finas de CdSe depositadas termicamente / K. Sarmah, R. Sarma // Bull. Mater. Sci. - 2009. - Vol. 32 (4). - P. 369-373.

102. Moon B. Estudos comparativos das propriedades das películas de CdS depositadas em diferentes substratos por pulverização catódica / B. Moon, J.-H. Lee, H. Jung // Thin Solid Films. - 2006. - 511-512. - P. 299-303.

103. Murali K.R. Properties of CdSe films pulse electrodeposited from non- aqueous bath / K.R. Murali, K. Chitra, P. Elango // Chalcogenide Letters. - 2008. - Vol. 5 (11). - P. 273-276.

104. Uda H. Filmes finos de CdS preparados por deposição de vapor químico metalorgânico / H. Uda, H. Yonezawa, Y. Ohtsubo, M. Kosaka, H. Sonomura // Solar Energy Materials and Solar Cells. 2003. - 75 (1, 2). - P. 219-226.

105. Ivashchenko M.M. Strukturni ta substrukturni kharakterystyky tonkykh plivok selenidu kadmiiu / M.M. Ivashchenko, A.S. Opanasiuk, S.M. Danylchenko, T.H. Kalinichenko, V.L. Perevertailo // Fizyka i khimiia tverdoho tila. - 2010. - Vol. 11 (2). - P. 349-355.

106. Senthamilselvi V. Photovoltaic properties of nanocrystalline CdS films deposited by SILAR and CBD techniques-a comparative study / V. Senthamilselvi, K. Saravanakumar, N.J. Begum et. all // Journal of Materials Science: Materiais em Eletrónica. - 2012. - Vol. 23 (1). - P. 302-308.

107. Senthamilselvi V. Influência dos ciclos de imersão na estequiometria dos filmes de CdS depositados pela técnica SILAR / V. Senthamilselvi, K. Ravichandran, K. Saravanakumar // Journal of Physics and Chemistry of Solids. - 2013. - Vol. 74. - P. 65-69.

108. Reisfeld R. Nanosized semiconductor particles in glasses prepared by the sol-gel method: their optical properties and potential uses / R.

Reisfeld // Journal of Alloys and Compounds. - 2002. - 341 (1, 2). - P. 56-61.

109.	Chae D.Y. Filmes finos de CdSe produzidos pelo método MOCVD utilizando novos precursores de fonte única / D.Y. Chae, K.W. Seo, S.S. Lee, S.H. Yoon, W. Shim // Bull. Korean Chem. Soc. - 2006. - Vol. 27 (5). - P. 762-764.

110.	Yukselici M.H. Um exame detalhado do crescimento de filmes finos de CdSe através da caraterização estrutural e ótica / M.H. Yukselici, A.A. Bozkurt, B.C. Omur // Materials Research Bulletin. - 2013. - Vol. 48. - P. 2442-2449.

111.	Kumar M.M.D. Evidência de efeitos de confinamento quântico em filmes finos multicamadas de CdSe/ZnSe preparados pelo método de deposição física de vapor / M.M.D. Kumar, S. Devadason // Ata Materialia. - 2013. - Vol. 61. - P. 4135-4141.

112.	Al-Kabbi A.S. Efeito da dopagem nos parâmetros do centro de aprisionamento em filmes finos nanocristalinos de CdSe / A.S. Al-Kabbi, K. Sharma, G.S.S. Saini, S.K. Tripathi // Journal of Alloys and Compounds. - 2013. - Vol. 555. - P. 1-5.

113.	Goto F. Redução de defeitos em películas finas de CdS depositadas electroquimicamente por recozimento em O_2 / F. Goto, K. Shirai, M. Ichimura // Solar Energy Materials and Solar Cells. - 1998. - 50 (1-4). - P. 147-153.

114.	Suryajaya. Estudo ótico e AFM de filmes de nanopartículas coloidais de CdS e ZnS montados electrostaticamente / Suryajaya, A. Nabok, F. Davis et. all // Applied Surface Science. - 2008. - Vol. 254. - P. 4891-4898.

115.	Chi Y.-J. Preparação e desempenho fotoelétrico de películas finas compostas de ITO/TiO$_2$ /CdS / Y.-J. Chi, H.-G. Fu, L.-H. Qi et. all //

Journal of Photochemistry and Photobiology A: Chemistry. - 2008. - Vol. 195. - P. 357-363.

116. Thanikaikarasan S. Alargamento da linha de raios X e estudos fotoelectroquímicos em filmes finos de CdSe / S. Thanikaikarasan, X.S. Shajan, V. Dhanasekaran, T. Mahalingam // Journal Mater Sci. - 2011. - Vol. 46. - P. 4034-4045.

117. Thanikaikarasan S. Investigação do efeito do pH da solução nas propriedades electroquímicas, microestruturais, ópticas e fotoelectroquímicas das películas finas de CdSe / S. Thanikaikarasan, C. Vedhi, X.S. Shajan, T. Mahalingam // Solid State Sciences. - 2013. - Vol. 15. - P. 142-151.

118. Liu A. Filmes de CdSe porosos montados camada a camada incorporados com ouro plasmónico e comportamentos fotoelectroquímicos melhorados / A. Liu, Q. Ren, M. Yuan et. all // Electrochimica Ata. - 2013. - P. 1-37.

119. Shen C.M. Influência de diferentes potenciais de deposição na morfologia e estrutura das películas de CdSe / C.M. Shen, X.G. Zhang, H.L. Li // Applied Surface Science. - 2005. - Vol. 240. - P. 34-41.

120. Thanikaikarasan S. Microstructural characterization of electro-deposited CdSe thin films / S. Thanikaikarasan, T. Mahalingam, S.R. Srikumar et. all // Advanced Materials Research. - 2009. - Vol. 68. - P. 44-51.

121. Tong X.L. Deposição de películas finas de CdS em substrato de Si(111) por PLD com impulsos de femtossegundos / X.L. Tong, D.S. Jiang, Q.Y. Yan et. all // Vacuum. - 2008. - Vol. 82. - P. 1411-1414.

122. Murali K.R. Photoelectrochemical behaviour of pulse plated CdS films / K.R. Murali, P. Thirumoorthy, V. Sengodan // J Mater Sci: Mater Electron. - 2009. - Vol. 20. - P. 206-211.

123. Liang G.-X. Preparação à temperatura ambiente e propriedades de películas finas de sulfureto de cádmio por deposição por pulverização catódica com feixe de iões / G.-X. Liang, P. Fan, Z.-H. Zheng et. all // Applied Surface Science. - 2013. - Vol. 273. - P. 491- 495.

124. Lee G.S. Fabrication of CdS thin films assisted by Langmuir deposition, self-assembly, and dip-pen nanolithography / G.S. Lee, J.H. Lee, H. Choi, D.J. Ahn // Korean J. Chem. Eng. - 2010. - Vol. 27 (2). - P. 697-704.

125. Didenko Y.T. Chemical aerosol flow synthesis of semiconductor nanoparticles / Y.T. Didenko, K.S. Suslick // Journal of the American Chemical Society. - 2005. - 127. - P. 12196-12197.

126. Oladeji I.O. Otimização de filmes finos de sulfureto de cádmio depositados por banho químico / I.O. Oladeji, L. Chow // J. Electrochem. Soc. - 1997. - Vol. 144, No.7. - P. 2342-2346.

127. Ugai Ya.A. Reacções entre sais de cádmio e tioureia na preparação de películas de sulfureto de cádmio / Ya.A Ugai, V.N.Semenov, E.M Averbakh et. all // Zh. Prikl. Khim. (Leningrado), 1988, no. 11, P. 2409-2414.

128. Palatnik L.S. Materialovedenie v mikroelektronike / L.S Palatnik, V.K. Sorokin // M. Energiya. - 1978. - 279 p.

129. Knotko A.V. Osnovi rentgenovskoi difraktsii v materialovedenii / A.V. Knotko // Moskovskii gosudarstvennii universitet imeni M.V. Lomonosova, metodicheskaya razrabotka. - Moskva 2011. - 41 p.

130. Kraus W. Powder Cell for Windows [Recurso eletrónico] / W. Kraus, G. Nolze // Berlim. - 1999. - Disponível em: http://www.ccp14.ac.uk/ccp/web-mirrors/powdcell/a_v/v_1/powder/e_cell.html.

131. Rodriguez-Carvajal J. FULLPROF: Um Programa para Refinamento de Rietveld e Análise de Correspondência de Padrões /

J. Rodriguez-Carvajal // Reunião Satélite sobre Difração de Pó do XV Congresso da IUCr. - Toulouse, França, 1990. - P. 127.

132. Rietveld H. M. Um método de refinamento de perfis para estruturas nucleares e magnéticas / H.M. Rietveld // J. Appl. Cryst. - 1969. - Vol. 2. - P. 65-71.

133. Anishchik V.M. Nanomateriali i nanotekhnologii / pod red. V.E. Borisenko, N.K. Tolochko. - Minsk : Izd. tsentr BGU, 2008. - 375 p.

134. Gremenok V.F. Solnechnie elementi na osnove poluprovodnikovikh materialov / V.F. Gremenok, M.S. Tivanov, V.B. Zalecskii. - Minsk: Izd. Tsentr BGU, 2007. - 222 p.

135. Stervoedov A.N. Osobennosti primeneniya rentgenovskoi fotoelektronnoi spektroskopii dlya opredeleniya tolshchini ultratonkikh plenok / A.N. Stervoedov, V.M. Beresnev, N.V. Sergeeva // Fizichna inzheneriya poverkhni. - 2010. - Vol. 8, № 1. - P. 88-92.

136. Mazalovii L.N. Metod rentgenovskoi spektroskopii i perspektivi yego primeneniya dlya izucheniya stroitelnikh materialov / L.N. Mazalovii // Metodicheskie ukazaniya - Novosibirsk, NGASU, INKh SO RAN, 2002. P 10- 21.

137. Kellerman D.G. Transição semicondutor-metal em cobaltite de lítio com defeito / D.G. Kellerman, V.R. Galakhov, A.S. Semenova, Ya.N. Blinovskov, O.N. Leonidova // Física do Estado Sólido, - 2006. - Vol. 48 (3), - P. 548-556.

138. Fizika: Konspekt lektsii /Ukladach O.V. Lisenko. - Sumi: Vid-vo SumDU, 2010. - Cap.2. - 242 p.

139. Feldman L. Osnovi analiza poverkhnosti i tonkikh plenok / L. Feldman, D. Maier / Per. s angl. - M.: Mir, 1989. - 344 p.

140. Chernorukov N.G. Teoriya i praktika rentgenofluorestsentnogo analiza: elektronnoe uchebno-metodicheskoe posobie / N.G.

Chernorukov, O.V. Nipruk - Nizhnii Novgorod: Nizhegorodskii gosuniversitet. - 2012. - 57 p.

141. Amirtharaj P. M. Optical properties of semiconductors / P. M. Amirtharaj, D. G. Seiler // Handbook of Optics: Devices, Measurements and Properties, 2nd ed., McGraw-Hill. - 1995. - Vol. 2, Capítulo 36. - P 36.1-36.96.

142. Pankov Zh. Projecções ópticas em poluprovodnikakh / Zh. Pankov. - M.: Mir, 1973. - 451 p.

143. Bhattacharyya D. Determinação das constantes ópticas e dos intervalos de banda das películas semicondutoras de duas camadas / D. Bhattacharyya, S. Chaudhuri, A. Pal // Vacuum, Publicado por Elsevier Ltd. - 1995. - Vol. 64, Iss. 3. - P. 309-313.

144. Zinchuk V.K., Levitska G.D., Dubenska L.O. "Fiziko-khimichni metodi analizu" / Navchalnii posibnik. - Lviv: Vidavnichii tsentr LNU imeni Ivana Franka, 2008. - 362 p.

145. Echlin P. Handbook of Sample Preparation for Scanning Electron Microscopy and X-Ray Microanalysis / Springer Science, Business Media LLC, 2009. - 330 p.

146. Ribalkina M. Nanotekhnologii dlya vsekh / M.Ribalkina // M.: Nanotechnology News Network, 2005. - 444 p.

147. Itkis D.M. Atomno-silovaya mikroskopiya / D.M. Itkis, D.M. Tsimbarenko // Moskovskii gosudarstvennii universitet imeni M.V. Lomonosova, metodicheskaya razrabotka. - Moskva. - 2011. - 36 p.

148. Gromov V.K. Vvedenie v ellipsometriyu / V. K. Gromov. - Leningrado: Izdatelstvo Leningradskogo universiteta, 1986. - 190 p.

149. Yegorova G. A. Ellipsometriya subtonkikh prozrachnikh plenok / G.A. Yegorova, N.S. Ivanova, Ye.V. Potapov i dr. // Optika i spektroskopiya. - 1976. - Vol. 36, № 4 - P. 773-776.

150. Archer R.J. Measurement of oxygen adsorption on silicon by ellipsometer / R.J. Archer, G.W. Gobeli // J. Phys. Chem. Solids. - 1965. - Vol. 27. - P. 343.

151. Azzam R.M.A. Elipsometria e luz polarizada / R.M.A. Azzam, N.M. Bashara. - Amesterdão: North-Holland, 1986.

152. Antonenko S. V. Tekhnologiya tonkikh plenok: uchebnoe posobie / S.V. Antonenko. - M.: MIFI, 2008. - 104 p.

153. C.H.S. Dupuy. Physics of nonmetallic thin films / C.H.S. Dupuy, A. Cachard // Nato Summer School on Metallic and Nonmetallic Thin Films, Corsica, 2-nd edition. -1974. - 507 p. (doi:10.1007/978-1-4684-0847-8)

154. Osnovi analiticheskoi khimii. V 2-ukh knigakh. Nomenclatura 2. Métodos de análise de quimiotipos: Ucheb. Dlya vuzov - Seriya "Klassicheskii universitetskii uchebnik" / Pod red. Zolotova Yu.A. - 3- izd., - Moskva: "Visshaya shkola", 2004. - 503 p.

155. Vasilev V.P. Analiticheskaya khimiya. V 2 ch. Ch. 2. Fiziko-khimicheskie metodi analiza.- Moskva: "Visshaya shkola", 1989. - 384 p.

156. Kharitonov Yu.Ya. Analiticheskaya khimiya (analitika). V 2-kh knigakh. Kn.2. Kolichestvennii analiz. Métodos de análise (instrumentais) de tipo "Fiziko-khimicheskie": Ucheb. dlya vuzov. - 2 izd., ispr. - M: "Visshaya shkola", 2003. - 559 p.

157. Análise de dados. Problemas e desafios. V 2-kh tomakh. Tom 1 (Seriya "Luchshii zarubezhnii uchebnik") / Pod red. Kelnera R., Merme Zh. M., Otto M., Vidmer G.M. Per. s angl. pod red Zolotova Yu. A. - M: "Mir": OOO "Izdatelstvo AST", 2004. - 608 p.

158. Análise de dados. Fizicheskie i fiziko-khimicheskie metodi analiza: Uchebnik dlya vuzov / Zhukov A.F., Kolosova I.F., Kuznetsov V.V. pod red. Petrukhina O.M.- M: "Khimiya", 2001. - 496 p.

159. Skug D., Uest D. Osnovi analiticheskoi khimii. V 2-kh knigakh. Kniga 2 / Per. s angl. Dorokhovoi Ye.N., Prokhorovoi G.V. pod red. Zolotova Yu.A. - M: "Mir", 1979. - 439 p.

160. Harvey D. Química analítica moderna / D. Harvey // Universidade DePauw - McGraw-Hill Higher Education. - 2000. - 798 p.

161. Buchberger W. Electrochemische Analyseverfahren, - Heidelberg, Spektrum Akademisher Verlag. - 1998. - 306 p.

162. Smyth M.R., Vos J.G. Analytical Voltammetry. - Amesterdão, Elsevier. - 1992. - 578 p.

163. Neeb R. Inverse Polarographie und Voltammetrie. - Wainheim, Verlag Chemie. - 1969. - 256 p.

164. Brainina Kh.Z. Inversionnaya voltamperometriya tverdikh faz. - M: "Khimiya", 1972. - 192 p.

165. Brainina Kh.Z., Neiman Ye.Ya., Slepushkin V.V. Inversionnie elektroanaliticheskie metodi. - M., "Khimiya", 1988. - 240 p.

166. Vydra F., Shtulyk K., Yulakova E. Inversyonnaia voltamperometryia. - Perevod z cheshskoho Nemova V.A. pod. red. Kaplana B.Ia. - M: "Mir", 1980. - 279 p.

167. GOST R 51301-99. Produkti pishchevie i prodovolstvennoe sire. Inversionno-voltamperometricheskie metodi opredeleniya soderzhaniya toksichnikh elementov (kadmiya, svintsa, medi i tsinka).

168. Florence T.M. Anodic stripping voltammetry with glassy carbon electrode mercury-plated in situ / T.M. Florence- Journal electroanalitycal chemistry - 1970. - Vol. 27.- P.273.

169. Kalvoda R. Adsorptive stripping voltammetry in trace analysis / R. Kalvoda, M. Kopanica //Pure & Applied Chemistry, 1989. -Vol. 61, No. 1, P. 97-112.

170. Kalvoda R. Review of adsorptive stripping voltammetry assessment and prospects / R. Kalvoda // Fresenius journal analytical chemistry - 1994. Vol. 349 (8-9), P. 565-570.

171. Patente Deklaratsiinyi 77016 UA MPK C 01 G 11/00, G 01 N 27/00. Sposib vyznachennia vmistu ioniv kadmiiu. Shapoval P.I., Huminilovych R.R., Yatchyshyn Y.I., Kusnezh V.V., Ilchuk H.A.; NU "Lvivska politekhnika" (Ukraina), opubl. 25.01.2013 - B №2 2013.

172. Thiel W. Semiempirical quantum-chemical methods / W. Thiel // WIREs Computational Molecular Science. - 2014. - Vol. 4(2). - P. 145-157.

173. Stewart J.J.P. Otimização de parâmetros para métodos semi-empíricos V: Modificação das aproximações NDDO e aplicação a 70 elementos / J.J.P. Stewart // J. Molec. Model. - 2007. - Vol. 13(12). - P. 1173-1213.

174. Bertoli A. Investigação teórica e experimental de estruturas complexas de citrato de zinco (II) / A. Bertoli, R. Carvalho, M. Freitas, T. Ramalho, D. Mancini, M. Oliveira, A. Varennes, A. Dias // Inorganica Chimica Ata. - 2015. - Vol. 425. - P. 164-168.

175. Stewart J.J.P. Otimização de parâmetros para métodos semi-empíricos VI: mais modificações às aproximações NDDO e re-otimização de parâmetros / J.J.P. Stewart // J. Molec. Model. - 2013. - Vol. 19(1). - P. 1-32.

176. Precisão da PM6 [Recurso eletrónico]. - Disponível em: http://openmopac.net/Manual/PM6_accuracy.html.

177. Precisão da PM7 [Recurso eletrónico]. - Disponível em: http://openmopac.net/PM7_accuracy/PM7_accuracy.html.

178. Stewart J.J.P. MOPAC2012: Química quântica rápida e precisa para grandes estruturas e fase condensada [Recurso eletrónico] / J.J.P.

Stewart // Steward Computatioal Chemistry. - 2012. - Disponível em: http://openmopac.net/MOPAC2012brochure.pdf.

179. Sozanskyi M. Síntese e investigação de filmes de ZnS e HgS e de compósitos ZnS/HgS e HgS/ZnS / M. Sozanskyi, P. Shapoval, I. Yatchyshyn, N. Koval, V. Stadnik // Química de Metais e Ligas. - 2015. - №8 (1/2). - C. 27-31.

180. Sozanskyi M.A. Influência da duração da deposição nas propriedades das películas de ZnSe e $ZnS_x Se_{1-x}$ / M. Sozanskyi, R. Chaykivska, P. Shapoval, Io. Yatchyshyn, N. Vytrykush // Visnyk da Universidade de Lviv. Série Química. - 2018. - № 59 (1). - P. 131-139.

181. Sadekar K. Bandgap engineering by substitution of S by Se in nanostructured $ZnS_{1-x} Se_x$ thin films grown by soft chemical route for nontoxic optoelectronic device applications / K. Sadekar, A. Ghule, R. Sharma // Journal of Alloys and Compounds. - 2011. - Vol. 509. - P. 5525-5531.

182. Guminilovych R. Chemical surface deposition of Cd(S,Se) films: influence of the starting cadmium-containing salt on microstructure and optical properties / R. Guminilovych, P. Shapoval, I. Yatchyshyn, V. Kusnezh, H. Il'chuk, M. Sozanskiy // Chemistry of Metals and Alloys. - 2013. - № 6 (1/2). - P. 48-54.

183. Sozanskyi M.A. Khimichne osadzhennia z vann plivok (Cd,Zn)S na sklianykh pidkladkakh, z vykorystanniam trynatrii tsytratu / M.A. Sozanskyi, P.I. Shapoval, Y.I. Yatchyshyn // III Vseukrainska naukovo-praktychna konferentsiia "Fizyka i khimiia tverdoho tila: stan, dosiahnennia i perspektyvy", Materialy konferentsii, m. Lutsk, 24-25 zhovtnia 2014. - Lutsk: RVV Lutskoho NTU, 2014. - P. 210-211.

184. Sangamesha M. A. Preparação e caraterização de filmes finos de CuS nanocristalinos para células solares sensibilizadas por corante / M. A. Sangamesha, K. Pushpalatha, G. L. Shekar, S. Shamsundar // ISRN Nanomaterials. - 2013. - Vol. 2013, Artigo ID 829430.

185. Jadhav U. M. Estudos de Caracterização de Filmes Finos de Sulfureto de Prata Nanocristalino Depositados por Deposição em Banho Químico (CBD) e Método de Adsorção e Reação de Camadas Iónicas Sucessivas (SILAR) / U. M. Jadhav, S. R. Gosavi, S. N. Patel, R.S. Patil // Archives of Physics Research. - 2011. - Vol. 2(2). - P. 27-35.

186. Grozdanov I. A simple and low-cost technique for electroless deposition of chalcogenide thin films / I Grozdanov // Semiconductor Science and Technology. - 1994. - Vol. 9, № 6. - P. 1234-1241.

187. Shapoval P.I. Syntez plivok tsynk sulfidu (ZnS) metodom khimichnoho poverkhnevoho osadzhennia / P.I. Shapoval, M.A. Sozanskyi, Y.I. Yatchyshyn, R.R. Huminilovych // Visnyk Natsionalnoho universytetu "Lvivska politekhnika", "Khimiia, tekhnolohiia rechovyn ta yikh zastosuvannia". - 2014. - № 787. - P. 31-35.

188. Mohammad M. A Characterization of ZnO thin films grown by chemical bath deposition / M. A. Mohammad // Journal of Basrah Researches. - 2011. - Vol. 37, No. 3A. - P. 49-56.

189. Deshmukh L.P. Role of reducing environment in the chemical growth of zinc selenide thin films / L.P. Deshmukh, P.C. Pingale, S.S. Kamble, et al. // Materials Letters. - 2013. - Vol. 92. - P. 308-312.

190. Chen W.-T. Síntese, estrutura e propriedades de um novo telurobrometo metálico - Hg2TeBr3 / W.-T. Chen, Xin-Fa Li, Qiu-Yan Luo, Ya-Ping Xu, G.-P. Zhou // Comunicações de Química Inorgânica. - 2007. - Vol. 10. - P. 427-431.

191. Beck J. Síntese e estrutura cristalina de Hg S I$_{322}$ e Hg$_3$ Se I$_{22}$, novos membros da família Hg E X$_{322}$ / J. Beck, S. Hedderich // Journal of solid state chemistry. - 2000. - Vol. 151. - P. 73-76. (DOI: 10.1006/jssc.1999.8624).

192. Minets Yu.V. Equilíbrio de fases no sistema HgSe-HgBr$_2$ -HgI$_2$ e estrutura cristalina de Hg$_3$ Se$_2$ Br$_2$ e Hg$_3$ Se I$_{22}$ / Yu.V. Minets, Yu.V. Voroshilov, V.V. Pan'ko, V.A. Khudolii // Journal of Alloys and Compounds. - 2004. - vol. 365. - P. 121-125. (doi:10.1016/S0925-8388(03)00656-X).

193. Hankare P.P. Película fina de CdS: Síntese e caraterização / P.P. Hankare, P.A. Chate, D.J. Sathe // Solid State Sciences. - 2009. - vol. 11(7). - P. 1226-1228.

194. Sadekar H. K. Crescimento, estudo estrutural, ótico e elétrico de películas finas de ZnS depositadas pela técnica de crescimento em solução (SGT) / H.K. Sadekar, N.G. Deshpande, Y.G. Gudage, A. Ghosh, S. Chavhan, S. Gosavi, R. Sharma // Journal of Alloys and Compounds. - 2008. - Vol. 453. - P. 519-524.

195. Sozanskyi M. A. Síntese de filmes finos de sulfeto de cádmio a partir de uma solução aquosa contendo citrato de sódio / M. A. Sozanskyi, P. Y. Shapoval, R. R. Guminilovych, M. M. Laruk, Y. Y. Yatchyshyn // Voprosy khimii i khimicheskoi tekhnologii. - 2019. - No. 2. - P. 69-76.

196. Ilchuk H.A. Khimichne osadzhennia tonkykh plivok kadmiiu sulfidu ta selenidu na mikroteksturovanykh poverkhniakh / H.A. Ilchuk, V.V. Kusnezh, R.Iu. Petrus, P.I. Shapoval, R.R. Huminilovych // Tezy dopovidei II Mizhnarodnoi naukovo-praktychnoi konferentsii "Napivprovidnykovi materialy, informatsiini tekhnolohii ta fotovoltaika", 22-24 travnia 2013, Kremenchuk. P. 14.

197. Hernandez E. Efeitos de corrente limitados pela carga espacial em díodos Schottky $CuIn_{0.8} Ga_{0.2} Se_2$ /In do tipo p / E. Hernandez. Cryst. Res. Technol. - 1998. - N 33. - P. 285-289.

198. Lamperg G. Iizhektsionnie toki v tverdikh telakh / G. Lamperg, P. Mark. - M.: Mir, 1973.

199. Pesquisa de mercado de produtos farmacêuticos e de higiene pessoal. Pod red. A.V. Novoselovoi. - M.: Nauka, 1978.

200. Baranskii P.I. Poluprovodnikovaya elektronika. Svoistva materialov. / P.I. Baranskii, V.P. Klochkov, I.V. Potikevich. - K.: Nauk. dumka, 1975. - 704 p.

201. Física e Química de Compostos II-VI. Ed por M. Aven e J. S. Prener. - Amsterdam: North-Holland, 1967. - 846 p.

Printed by Books on Demand GmbH, Norderstedt / Germany